面向21世纪课程教材
Textbook Series for 21st Century

分析化学实验

（第5版）

华中师范大学　东北师范大学
陕西师范大学　北京师范大学　编
西南大学　　　华南师范大学

内容提要

本书是教育部"高等教育面向21世纪教学内容和课程体系改革计划"的研究成果,由华中师范大学、东北师范大学、陕西师范大学、北京师范大学、西南大学和华南师范大学参与编写和修订。全书分两篇共五章,内容包括分析化学实验基本知识、基本仪器、基本操作技术及基础实验,共45个实验,其中化学分析实验21个,仪器分析实验24个。

本书可作为高等师范院校分析化学实验(含仪器分析实验)课程的教材,也可供理、工、农、医科院校相关专业选用与参考。

图书在版编目(CIP)数据

分析化学实验 / 华中师范大学等编. -- 5 版. 北京:高等教育出版社,2024.8(2025.8重印). -- ISBN 978-7-04-062608-7

I. O652.1

中国国家版本馆 CIP 数据核字第 202470Y740 号

FENXI HUAXUE SHIYAN

| 策划编辑 | 陈梦恬 曹 瑛 | 责任编辑 | 沈晚晴 | 封面设计 | 李小璐 | 版式设计 | 徐艳妮 |
| 责任绘图 | 黄云燕 | | 责任校对 | 王 雨 | 责任印制 | 刘思涵 | |

出版发行	高等教育出版社	网　　址　http://www.hep.edu.cn
社　　址	北京市西城区德外大街 4 号	http://www.hep.com.cn
邮政编码	100120	网上订购　http://www.hepmall.com.cn
印　　刷	三河市华骏印务包装有限公司	http://www.hepmall.com
开　　本	787 mm×1092 mm 1/16	http://www.hepmall.cn
印　　张	13	版　　次　1981 年 2 月第 1 版
字　　数	230 千字	2024 年 8 月第 5 版
购书热线	010-58581118	印　　次　2025 年 8 月第 3 次印刷
咨询电话	400-810-0598	定　　价　29.00 元

本书如有缺页、倒页、脱页等质量问题,请到所购图书销售部门联系调换
版权所有　侵权必究
物 料 号　62608-00

第五版前言

本书是教育部"高等教育面向21世纪教学内容和课程体系改革计划"的研究成果。全套教材包括《分析化学(上、下册)》和《分析化学实验》,由华中师范大学朱成周和龚静鸣任主编,李芳、熊博和徐晖任副主编。本书由华中师范大学、东北师范大学、陕西师范大学、北京师范大学、西南大学和华南师范大学参与编写和修订。

为了适应教育优先发展、科技自立自强的国家战略需求,我们对本书第四版进行了修订和更新。在第五版的编写中,我们传承了与时俱进和"精、全、新"的编写原则,更加突出了绿色化学、安全化学的理念,保证在对学生进行基本训练的基础上,加强创新意识和环保意识的培养,使修订后的教材具有科学、系统、先进和实用的特点,更适应学科发展和人才培养需要。全书分两篇共五章,内容包括分析化学实验基本知识、基本仪器、基本操作技术及基础实验,共45个实验,其中化学分析实验21个,仪器分析实验24个。

本次修订注重对学生实验基本技能的训练,使其掌握基础和现代分析化学技术;巩固和加深对所学理论知识的理解和应用;着力培养学生主动学习获得新知识的能力、高层次思考问题的能力和勇于探索创新的意识;强调严谨细致的工作作风和实事求是的科学态度。本次修订增补了沉淀重量分析及核磁共振波谱的实验内容,这有利于学生掌握更先进的分析方法和技术,为高等师范院校分析化学实验课程提供一本全面、系统、实用的实验教材。

参加本书编写工作的有东北师范大学郭黎平、朱连德,北京师范大学邵娜、刘红云,陕西师范大学李保新,西南大学付志锋,华南师范大学郭慢丽,华中师范大学曾胜年、宋丹丹、徐晖、朱成周、龚静鸣、熊博、李芳、梁沛、程靖、顾文玲、许杪。全书由华中师范大学徐晖通读、整理并定稿。高等教育出版社曹瑛、陈梦恬、沈晚晴等编辑对本书进行了细致加工,为本书的出版付出了辛勤的劳动,在此一并表示衷心的感谢。

限于编者水平,教材中疏漏和错误在所难免,敬请专家、同仁和同学们不吝赐教,以便完善教材,更好地服务读者。

编　者

2024 年 1 月于武昌

第四版前言

本书是教育部"高等教育面向21世纪教学内容和课程体系改革计划"的研究成果。全套教材包括《分析化学(上、下册)》和《分析化学实验》,由华中师范大学万家亮和梁沛任主编,宋丹丹、曾胜年和龚静鸣任副主编。本书由华中师范大学、北京师范大学、东北师范大学、陕西师范大学和西南大学参与编写和修订。

近年来分析化学学科飞速发展并与其他新兴学科相互交融,为了适应国家经济发展和基础教育改革的需要,我们根据多年来分析化学实验课教学的经验,在认真分析国内外同类教材及兄弟院校提出的修改意见的基础上,对第三版进行了修订和更新。在第四版的编写中,我们传承了与时俱进和"精、全、新"的编写原则,力求科学性、先进性、系统性、启发性和教育性的统一,反映分析化学的时代特点。全书共六章,内容包括分析化学实验基础知识、基本仪器、基本操作技术及基础实验,共62个实验,其中定性分析实验9个,定量化学分析实验24个,仪器分析实验29个,信息量大,方便各校根据实际情况选择使用。

本书可与《分析化学》(第四版,上下册)教材配套使用,也可独立开课使用。本书注重对学生实验基本技能的训练,使其掌握基础和现代分析化学技术;巩固和加深对所学理论知识的理解和应用;着力培养学生主动学习获得新知识的能力、高层次思考问题的能力和勇于探索创新的意识;强调严谨细致的工作作风和实事求是的科学态度。本书还特别增加了分析化学在生命科学中应用的实验内容,有利于学生掌握分析化学更完整、更先进的方法和技术,为高等师范院校分析化学实验课程提供一本内容新颖、便于教学的实验教材。

参加本书编写工作的有东北师范大学郭黎平、朱连德,北京师范大学胡乃非、欧阳津,陕西师范大学张志琪,西南大学付志锋,华中师范大学曾胜年、宋丹丹、徐晖、龚静鸣、杜丹、钟鸿英、熊博、梁沛。由华中师范大学梁沛通读、整理并定稿。高等教育出版社殷英编辑对该书进行了细致加工,为本书的出版付出了辛勤的劳动,在此一并表示衷心的感谢。

虽然经过再三斟酌和修改,限于编者的水平,修订后的教材恐仍有疏漏和欠妥之处,诚挚希望有关专家、同仁和同学们不吝赐教,以便本书能更好地为广大读者服务。

编 者
2014 年 10 月于武昌

第三版前言

本书是教育部普通高等教育"九五"重点教材和"高等师范教育面向21世纪教学内容和课程体系改革计划"项目的研究成果。全套教材包括《分析化学》（上册）（化学分析）、《分析化学》（下册）（仪器分析）和《分析化学实验》。这套教材由万家亮主编，曾胜年为副主编，李俊义教授担任顾问。

为了适应高等师范院校化学专业教学改革的需要，本书参照教育部1992年颁布的《高等学校化学专业培养规格和教学基本要求》，参编人员认真总结了十多年来分析化学实验课教学的经验，充分吸收兄弟院校实验教材的长处，编写了这本包括定性分析、定量化学分析和仪器分析的实验教材。全书共6章，内容有分析化学实验基本知识、基本仪器、基本操作技术及基础实验，共计61个实验，其中定性分析实验6个，定量化学分析实验28个，仪器分析实验27个。

本书可与《分析化学》（上、下册）教材配套使用，也可独立设课使用。本书旨在加强学生实验基本技能的训练，掌握基础和现代分析化学技术，巩固和加深对所学理论知识的理解和应用，培养学生严谨的工作作风和实事求是的科学态度，提高分析问题、解决问题和创新能力，为高等师范院校分析化学实验课程提供一本内容新颖、便于教学的实验教材。

本书具有以下几个特点：

（1）本书密切配合《分析化学》（上、下册）的课堂教学，既注意了与课堂教学内容的衔接，又具有实验教材的完整性和独立性。

（2）保留并修订了定性分析内容，其内容更精练，反映了高等师范教育的特点。

（3）充实了仪器分析实验内容，介绍了24种常用分析仪器的结构、工作原理及使用方法，有利于对学生进行分析化学实验技能的严格训练和有利于学生独立完成实验课的教学任务。

（4）将经典的化学分析与现代仪器分析相结合，有利于掌握分析化学更完整、更先进的方法和技术，增加了有机物分析、结构分析、分离技术、联用技术和综合性实验内容。

（5）加强了实验数据处理及结果表达的训练,始终注意使学生牢固建立和应用"量"的有关知识。

（6）精选了 61 个实验,信息量大,方便各校根据实际情况选择使用。适当安排了自拟方案实验和综合性的实验内容。

参加编写本书的有东北师范大学郭黎平,北京师范大学胡乃非,华中师范大学刘东、宋丹丹、陆光汉、万家亮。由刘东、万家亮通读定稿。本书由武汉大学杨代菱教授、廖振环教授悉心审阅,并提出了宝贵的修改意见。教育部师范司和华中师范大学对该书的编写给予了大力支持。高等教育出版社责任编辑耿承延同志对该书进行了细致加工,为本书的出版付出了辛勤劳动,在此一并致以衷心的感谢。

由于编者水平的所限,错误和不妥之处在所难免,诚恳希望广大教师和读者批评指正。

编　者

2000 年 10 月 11 日于武昌

第一版前言

本书系受教育部委托,根据一九七九年六月制订的高师院校《分析化学实验》教材编写大纲编写的,定稿时又参照教育部新审定的高等师范院校《分析化学实验》教学大纲(1980),对内容作了适当的调整。本书可以作为高等师范院校和师范专科学校化学专业分析化学课程的教材。

分析化学是一门实践性很强的学科,分析化学实验的课时占整个课时的三分之二,比重是比较大的。通过分析化学实验教学,应使学生加深对分析化学基本理论的理解,并熟练地掌握分析化学的实验方法和基本操作技能,为学习后续课程和将来从事化学教学和科研工作打下良好的基础。

本书的实验内容包括:定性分析、定量分析和光度分析等三大部分。根据当前高等师范院校教学经验和设备的实际情况,我们对实验的具体内容认真地进行了考虑,特别是对定性分析实验内容作了较大的改进,重点是使学生掌握常见离子的个性、共性和反应进行的条件等基本知识和有关实验技能。对定量分析实验的基本操作,必须严格要求,并熟练掌握。在内容上,除安排一些纯试样的实验外,还安排了一定分量的实物分析,以培养学生解决实际问题的能力。

本书选编的实验内容较多,其中标有星号(*)者为选作实验。这些实验如何选用,各校可根据具体情况自行确定。

本书由华中师范学院担任主编。参加编写的有东北师范大学徐书绅(定性分析)、华中师范学院杜运清、万家亮(分析天平、滴定分析等)、陕西师范大学张渔夫(重量分析、沉淀滴定、分离方法)、耿征(比色分析及光度法)等同志,华中师范学院、陕西师范大学、东北师范大学分析化学教研室的部分同志参加了工作。另外,万家亮同志协助整理了第五章。最后,由华中师范学院李俊义整理定稿。

本书初稿写成后,于一九七九年九月在武昌召开了审稿会议,参加审稿的除主审单位北京师大、华东师大的同志外,还有山东师院、西南师院、北京师院、新乡师院、湖南师院、武汉师院、华南师院、甘肃师大、贵阳师院、玉林师专、安徽师大、南京师院、上海师院、晋东南师专、辽宁师院、哈尔滨师院等35所师范院校的同志。最后由北京师大林树昌、华东师大宗巍和山东师院王明德等三位同志校阅。

  本书在编写过程中,各兄弟院校的同志对初稿提出了许多宝贵的意见。华中师院、东北师大、陕西师大等三校的领导同志给予了关心与支持,东北师大吴立民教授热情指导,北京师院分院冯颖铎同志多方协助,在此一并表示感谢。

  由于编者业务水平、教学经验有限,加之编写时间仓促,书中错误在所难免,敬希读者批评指正。

编　者

一九八〇年九月

目　录

第一篇　化学分析

第一章　分析化学实验基本知识 ……… 3
第一节　分析化学实验基本要求 ……… 3
一、分析化学实验教学目的 ……… 3
二、分析化学实验学习方法 ……… 3
第二节　实验室规则和安全知识 ……… 6
一、实验室规则 ……… 6
二、实验室安全知识 ……… 6
三、实验室意外事故处理 ……… 7
四、实验室环保（"三废"处理）规则 ……… 8
第三节　分析化学实验室基本常识 ……… 8
一、玻璃器皿的洗涤 ……… 8
二、实验用纯水规格与制备 ……… 10
三、常用化学试剂 ……… 11
四、基准物质和标准溶液 ……… 13

第二章　分析化学实验基本操作 ……… 16
第一节　半微量定性分析的试剂和试液、仪器和基本操作 ……… 16
一、试剂和试液 ……… 16
二、主要仪器及操作技术 ……… 16
第二节　电子分析天平 ……… 21
一、电子分析天平的结构原理 ……… 21
二、电子分析天平的称量方法 ……… 22
三、电子分析天平的使用规则 ……… 23
第三节　滴定分析仪器和基本操作 ……… 24
一、滴定管 ……… 24
二、容量瓶 ……… 29
三、移液管和吸量管 ……… 30

四、移液器 ………………………………………………… 31
　第四节　重量分析实验基本操作 ………………………………… 32
　　一、沉淀的进行 …………………………………………… 32
　　二、沉淀的过滤和洗涤 …………………………………… 33
　　三、沉淀的烘干、灼烧和称量 …………………………… 36

第三章　定量分析实验 …………………………………………… 38
　实验1　分析天平称量练习 ……………………………………… 38
　实验2　滴定分析基本操作练习 ………………………………… 41
　实验3　硫酸铵中含氮量的测定(甲醛法) ……………………… 44
　实验4　有机酸摩尔质量的测定 ………………………………… 47
　实验5　双指示剂法测定混合碱的组成与含量 ………………… 49
　实验6　乙酰水杨酸含量的测定 ………………………………… 52
　实验7　水硬度的测定 …………………………………………… 55
　实验8　牛奶中钙含量的测定 …………………………………… 59
　实验9　铅铋混合液中铋、铅含量的连续测定 ………………… 61
　实验10　胃舒平药片中铝和镁含量的测定 …………………… 63
　实验11　高锰酸钾标准溶液的配制和标定 …………………… 66
　实验12　高锰酸钾法测定过氧化氢的含量 …………………… 68
　实验13　$K_2Cr_2O_7$法测定铁矿石中铁的含量(无汞法) ……… 69
　实验14　I_2和$Na_2S_2O_3$标准溶液的配制和标定 ………… 71
　实验15　间接碘量法测定铜盐中的铜含量 …………………… 73
　实验16　碘量法测定葡萄糖的含量 …………………………… 75
　实验17　可溶性氯化物中氯含量的测定(莫尔法) …………… 76
　实验18　钡盐中钡含量的测定(重量法) ……………………… 78
　实验19　离子交换树脂交换容量的测定 ……………………… 80
　实验20　纸色谱法分离和鉴定氨基酸 ………………………… 83
　实验21　学生设计方案实验 …………………………………… 85

第二篇　仪器分析

第一章　仪器分析实验基本知识 ………………………………… 91
　第一节　仪器分析实验的基本要求 …………………………… 91
　第二节　实验数据处理和结果的表达 ………………………… 92
　　一、评价分析方法和分析结果的基本指标 …………… 92
　　二、分析数据和结果的表达 …………………………… 93

第三节　光谱分析仪器的结构及使用 ………………………………… 96
一、UV-2450 型分光光度计 …………………………………………… 96
二、Nexus 470 型傅里叶变换红外光谱仪 …………………………… 97
三、F-7000 型荧光光谱仪 ……………………………………………… 99
四、iCAP 6300 型原子发射光谱仪 …………………………………… 102
五、TAS-990 型原子吸收分光光度计 ………………………………… 103
六、AFS-830 型原子荧光光度计 ……………………………………… 104

第四节　电化学分析仪器的结构及使用 …………………………… 106
一、pHS-2 型酸度计 …………………………………………………… 106
二、ZDJ-4A 型自动电位滴定仪 ……………………………………… 108
三、CHI 660D 电化学工作站 ………………………………………… 111

第五节　色谱分析仪器的结构及使用 ……………………………… 112
一、GC-2010 plus 气相色谱仪 ………………………………………… 112
二、LC-20 AT 高效液相色谱仪 ………………………………………… 114
三、BECKMAN P/ACE MDQ 毛细管电泳仪 ………………………… 117
四、Metrohm 861 型离子色谱仪 ……………………………………… 119

第六节　质谱分析仪器的结构及使用 ……………………………… 120
一、API 2000 液相色谱-四级杆质谱联用仪 ………………………… 120
二、Trace-ISQ 气相色谱-质谱联用仪 ………………………………… 121

第七节　Spinsolve 核磁共振谱仪的结构及使用 …………………… 122

第二章　仪器分析实验 …………………………………………………… 124
实验 1　邻二氮菲分光光度法测定铁含量 ………………………… 124
实验 2　考马斯亮蓝染色法测定蛋白质含量 ……………………… 127
实验 3　食品中 NO_2^- 含量的测定 ………………………………… 129
实验 4　紫外吸收光度法测定苯甲酸解离常数 …………………… 131
实验 5　红外光谱的校正——薄膜法聚苯乙烯红外光谱的测定 … 133
实验 6　红外光谱法测定有机物的化学结构 ……………………… 135
实验 7　荧光素钠的含量测定 ………………………………………… 137
实验 8　荧光光谱法测定铝离子 ……………………………………… 139
实验 9　电感耦合等离子体原子发射光谱法测定自来水中的多种
　　　　微量元素 ……………………………………………………… 141
实验 10　ICP-AES 全谱直读光谱法测定纯锌试样中的杂质元素 … 143
实验 11　原子吸收光谱法最佳实验条件的选择 …………………… 145
实验 12　火焰原子吸收光谱法灵敏度和自来水中镁含量的测定 … 147

实验 13 原子荧光光谱法测定水样中的铅含量 ·················· 149
实验 14 电位法测量水溶液的 pH ·································· 151
实验 15 离子选择性电极法测定牙膏中总氟含量 ················ 153
实验 16 电位滴定法测定 I^- 含量 ··································· 156
实验 17 循环伏安法研究电极反应过程 ··························· 159
实验 18 阳极溶出伏安法测定水样中微量镉含量 ················ 161
实验 19 气相色谱法定性、定量分析苯系物 ······················ 163
实验 20 高效液相色谱法测定绿茶饮料中咖啡因和茶碱的含量 ··· 165
实验 21 离子色谱法测定水中的阴离子 ··························· 167
实验 22 基于气相色谱-质谱法的酒类芳香成分定性分析 ······· 170
实验 23 有机化合物准确相对分子质量的测定 ··················· 172
实验 24 一维核磁共振氢谱鉴定乙基苯结构 ······················ 174

附录 ·· 176
一、定量分析实验仪器清单 ··· 176
二、常用指示剂的配制 ··· 177
三、常用缓冲溶液的配制 ·· 180
四、原子发射光谱法中元素的主要灵敏线 ······················· 180
五、原子吸收光谱法中元素的主要吸收线 ······················· 181
六、常用化合物的相对分子质量(M_r)表 ······················· 182
七、元素的相对原子质量(A_r)表(2019) ······················· 185

主要参考书目 ·· 186
常用分析化学实验术语汉英对照表 ···································· 187

第一篇

化学分析

第一章 分析化学实验基本知识

第一节 分析化学实验基本要求

分析化学是一门实践性很强的学科。分析化学实验是分析化学课程的重要组成部分,是学习分析化学的一个重要环节,与分析化学理论课教学紧密相连,是高等院校化学专业和相关专业学生重要的必修基础课程。

一、分析化学实验教学目的

学生通过本课程可以较系统地学习到分析化学实验的基本知识和典型的分析方法,加深并巩固对分析化学基本概念和基本原理的理解;正确熟练地掌握分析化学实验的基本操作和技能;充分认识和理解分析化学实验对"量"的要求,牢固树立"量"的概念,正确运用误差理论分析实验过程中影响分析结果准确度的关键因素和环节;学会合理地选择实验条件和实验仪器,科学地处理实验数据,正确表达实验结果。通过分析化学实验的学习培养学生树立实事求是的科学态度,养成严谨细致的实验习惯,培养学生运用科学的思维方法独立地分析问题和解决问题的能力及创新能力,为更好地学习后续课程和将来参加实际工作及开展科学研究打下良好的基础。

二、分析化学实验学习方法

学习并掌握分析化学实验技能,不但要明确学习目的,端正学习态度,还要掌握好的学习方法,在实验学习过程中应注意以下几点:

(一) 实验预习

实验前预习是进行化学实验的重要环节,实验前仔细阅读和认真钻研实验教材及教科书中的相关内容,参阅实验学习辅导资料,明确实验目的,了解实验原理,熟悉实验内容、方法、步骤及注意事项,明晰有关实验思考题及注释,合理安排实验流程,写出实验预习报告,从而有准备、有目的并高效地在规定的时间内完成实验。

(二) 实验过程

严格遵守实验室规则,保持实验室整洁安静,实验台上各类实验仪器和试剂摆放整齐有序并小心使用,注意节约使用试剂、水、电等,爱护仪器,注意安全。

认真听取教师的教学指导要求,认真观看有关实验视频,严格按照实验操作规程进行实验,注重实验基本操作和技能的规范训练,勤于思考,善于分析,学会运用所学的理论知识解释实验现象,研究实验中的问题。

(三) 实验数据记录与处理

实验中要仔细观察,对于实验过程中的各种测量数据及有关现象,应及时、准确而清楚地记录下来,对实验中出现的异常现象,更应即时、如实记录。学生应有专门的实验记录本,不得将数据随意记在单页纸或小纸片上,文字记录应清晰整洁,数据记录尽量采用表格形式按顺序有规律地表达。

记录测量数据时,应注意有效数字的保留。用分析天平称量时,应记录至 0.0001 g,滴定管和吸量管的读数应记录至 0.01 mL。总之,要根据所用仪器的精度记录至最小刻度的下一位。

在实验过程中如发现数据记录或计算有误时,不得涂改,应将其用笔画线以示删去,在旁边重新写上正确的数字,切忌带有主观因素而随意拼凑和伪造数据。

在定量分析中,一般平行测定 3~5 次,通常 3 次。为了衡量分析结果的精密度,通常用相对平均偏差表示。三次测定结果的算术平均值为

$$\bar{x} = \frac{x_1 + x_2 + x_3}{3}$$

平均偏差为

$$\bar{d} = \frac{|x_1 - \bar{x}| + |x_2 - \bar{x}| + |x_3 - \bar{x}|}{3}$$

相对平均偏差为

$$d_r = \frac{\bar{d}}{\bar{x}} \times 100\%$$

(四) 实验报告

实验报告必须在科学实验的基础上进行,实验报告是对每次实验的真实记录、概括和总结,有利于不断积累研究资料,总结研究成果,提高实验者的观察能力、分析问题和解决问题的能力,培养理论联系实际的学风和实事求是的科学态度,也是对学生综合素质及能力的一种考核。实验结束后,应根据实验记录认真进行整理、分析、归纳和计算,并及时独立认真完成实验报告,交指导

教师批阅。

实验报告要求做到内容真实、字迹工整、图表清晰、形式规范。

1. 定性分析实验报告

关于离子鉴定方法的实验报告格式示例见表 1-1-1。

表 1-1-1　银组离子的分别鉴定

离子	试剂及反应条件	鉴定方法	干扰及消除	鉴定步骤	现象和结果
Ag^+	6 mol·L^{-1} HCl 溶液	$Ag^+ + Cl^- =\!=\!= AgCl\downarrow$（白）	$PbCl_2$、Hg_2Cl_2 干扰，但两者都不溶于氨水，可与 AgCl 分离	Ag^+ 试液 1 滴 + HCl 溶液 1 滴，AgCl 沉淀加氨水 5 滴，搅拌，$[Ag(NH_3)_2]^+$ 中加 HNO_3 酸化	$AgCl\downarrow$（白色），AgCl 沉淀溶于氨水生成 $[Ag(NH_3)_2]^+$，酸化后又生成 AgCl 沉淀，证实有 Ag^+

关于混合物系统分析的实验可采用分析系统图表的格式，但实验现象可在有关位置上标注得详细些，反应方程式则注明编号写在表外备查。

关于未知物的实验，不要求写详细报告，只需报告所检出的离子。必要时，写出离子的大约检出量，如大量（>5 g·L^{-1}）、中量（0.5~5 g·L^{-1}）、小量（<0.5 g·L^{-1}）。估计的方法是取已知浓度（如 5 g·L^{-1}、0.5 g·L^{-1}）的该离子的试液，用对照试验与未知液进行比较。

在实验记录和报告中，有些常用术语可用简略符号表示，如 5 d（5 滴）、白↓（白色沉淀）、棕↑（棕色气体）、△（加热）、↓（搅拌）、↑（蒸发）、↙↘（离心沉降，包括离心液的转移）。

2. 定量分析实验报告

定量分析实验报告一般包括以下内容：

（1）实验名称、实验日期。

（2）实验目的和要求。

（3）实验基本原理　简要地用文字或化学反应方程式说明。

（4）实验所用的仪器和试剂　介绍所用仪器名称、型号、数量和规格，以及试剂的名称、用量和规格。

（5）实验内容和步骤　实验内容应简明扼要，实验步骤尽量用流程图、符号表示，不要全盘抄书，应根据实验类型和具体实验内容确定繁简。

（6）实验记录与数据处理　应根据所用仪器的精度，如实记录，保留正确的有效数字,实验数据尽量采用表格形式。分析数据的处理要以相应的计算公式为依据,计算要正确,结果要真实可信。

(7) 问题和讨论　包括教材中实验后面的思考题,要认真分析实验过程中误差产生的原因,对实验中遇到的疑难问题提出自己的见解,对有关实验方法、实验内容、教学活动等提出意见或建议。

第二节　实验室规则和安全知识

一、实验室规则

(1) 实验前认真预习,明确实验目的和要求,理解实验原理,了解实验内容、方法、步骤及注意事项,认真阅读有关仪器说明书,写出实验预习报告。

(2) 实验课开始和学期结束时,要按照仪器清单认真清点仪器和试剂,实验中如有缺损的仪器应及时领取补齐,并按有关规定进行赔偿或更换,不得擅自拿取他人的仪器。

(3) 实验应在规定的位置上进行,实验台上的仪器和试剂摆放应整齐有序,保持实验室整洁、安静和安全,认真实验,仔细观察,做好记录,科学严谨地处理实验数据。

(4) 树立安全环保和节约意识,药品按规定量取用,杜绝浪费,尽量减少药品对环境的污染,固体废物应放入废物桶,不要丢在水池内,以免堵塞水池,规定回收的废液应倒入废液瓶中,统一处理。爱护公物,节约水、电、气。

(5) 实验结束,应及时将玻璃仪器清洗干净,仪器及试剂放回原处,实验台收拾整洁,实验室打扫干净,洗净双手,经实验教师检查实验记录及结果等有关事项之后方可离开实验室。

二、实验室安全知识

在化学实验中,经常接触各种化学试剂、大型精密仪器、玻璃仪器及水、电、气等,若使用不当,或违反操作规程,都有可能造成意外事故。因此必须严格遵守实验室安全规则。

(1) 实验期间必须穿实验服,必要时戴防护镜(包括戴隐形眼镜者或自己的近视眼镜),不得穿拖鞋。实验室内严禁饮食、吸烟。

(2) 实验开始前,应检查所用仪器是否完好无损,安装是否正确。使用各种仪器时,应在教师讲解或阅读操作规程后再操作,要爱护仪器,遵守仪器操作规程。使用电炉时应注意电线不得缠绕在电炉盘架上,以防电线被加热损坏而漏电。不得用湿手或湿物接触电源,实验台有水渍应及时擦干。

（3）实验过程中仪器及试剂摆放应整齐有序,避免发生意外倾倒事故。水、电、气使用完毕应立即关闭开关。

（4）使用浓酸、浓碱及其他具有腐蚀性试剂时,切勿溅失在皮肤和衣服上。使用浓硝酸、浓盐酸、浓硫酸和氨水等挥发性试剂时应在通风橱内进行,倾注试液或加热液体时,不要俯视容器,以防试液溅入眼内。加热操作时不要将试管口朝向自己或他人。

（5）使用易燃的有机溶剂（如乙醚、乙醇、三氯甲烷、丙酮、苯等）时,应远离火源和热源,用完后立即盖紧瓶塞,放在阴凉通风处保存。

（6）使用高压气体钢瓶（如乙炔、氢气）时,要严格按照操作规程操作,钢瓶应存放在远离明火、通风良好的地方。钢瓶在更换前仍应保持一部分压力。

（7）做规定以外的实验应事先经过教师同意,严禁将实验仪器和化学试剂擅自带出实验室,用剩的有毒药品必须交还教师,实验过程中的废物如碎玻璃器皿、废纸等固体物质均应放入废物桶内,不得丢入水池内,以防堵塞。

三、实验室意外事故处理

1. 割伤

化学实验中经常使用玻璃仪器,若不小心被碎玻璃割伤或划伤,应首先取出伤口处玻璃屑,然后用生理盐水或硼酸溶液洗净伤口,并用3%的医用双氧水消毒,再涂以碘酒或撒上消炎粉,用纱布包扎好,避免伤口接触化学药品。碎玻璃进入眼内,千万不可用手揉擦,不要转动眼球,应速送医院处理。

2. 烧烫伤

不小心被烧烫伤应将烧烫伤的部位放置在冷水中浸泡0.5 h或更长时间,或以冰块冷却伤处,然后涂上烫伤膏（如氧化锌药膏等）。发生大面积的烧烫伤,应立即送医院抢救治疗。

3. 酸灼伤

先用大量水长时间冲洗,再以饱和碳酸氢钠溶液或稀氨水、肥皂水洗,最后再用水冲洗。酸溅入眼内,应立即用大量水冲洗,再用1%碳酸氢钠溶液洗,最后以洗瓶用蒸馏水或去离子水洗并及时送医院处理。

4. 碱灼伤

先用大量水长时间冲洗,再用2%乙酸溶液或饱和硼酸溶液洗,最后以洗瓶用蒸馏水或去离子水洗并及时送医院处理。

5. 有毒药品致伤

使用有毒药品（如苯、甲苯等）或有腐蚀性药品时,要戴橡胶手套和防护眼镜。使用挥发性有毒药品时，一定要在通风橱内操作。任何药物不能用口尝，不慎使毒物进入口内，可将手指伸入咽喉部，促使呕吐排出毒物，然后立即送医院处理。吸入少量刺激性或有毒气体感到不适时，应立即到室外呼吸新鲜空气。

6. 触电

触电急救的要点是抢救迅速与救护得法。一旦遇到有人触电，应立即切断电源，尽快用绝缘物（如竹竿、干木棍或戴上橡胶手套）将触电者与电源分隔开，切不可用手去拉触电者，然后根据触电者的具体情况，迅速对症救护。现场常用的主要救护方法是心肺复苏法，包括口对口人工呼吸法和胸外心脏按压法。同时应根据伤情需要，迅速联系医疗部门救治。

7. 火灾

实验室万一发生火灾，要保持镇静，立即切断电源或燃气源，防止火势蔓延，并根据起火原因立即灭火。一般的小火可用湿布、石棉布覆盖燃烧物灭火；电气设备所引起的火灾，应使用二氧化碳或四氯化碳灭火器灭火，不可使用泡沫灭火器，以免触电，紧急情况应及时拨打119报警。

为了对实验室意外事故进行紧急处理，实验室应配备急救药箱。若发生大的伤害事故，除做紧急处理外，应立即送医院处理。

四、实验室环保（"三废"处理）规则

化学实验中产生的某些有毒气体、液体和固体，若不经过处理直接排放，则有可能造成周围的空气和水源等环境污染。因此废液、废气和废渣一定要经过处理后才能排放。

（1）会产生少量有毒气体的实验应在通风橱内进行，通过排风设备将少量毒气排到室外，以免污染室内空气。

（2）实验中产生的废液不可随便倒入下水道，必须倒入指定的废液装置。一般的酸碱废液可中和后排放。含重金属离子或汞盐的废液可加碱调 pH 至 8~10 后再加入硫化钠处理，使其毒害成分转变成硫化物而沉淀分离，上层清液达到环保排放标准后方可排放。

（3）实验产生的废渣、废液应存放于指定地点，由专业环保机构回收处理。

第三节　分析化学实验室基本常识

一、玻璃器皿的洗涤

分析化学实验中使用的玻璃仪器应洁净透明，其内外壁能被水均匀地润湿

且不挂水珠,玻璃仪器是否洁净,将影响分析结果的准确度和精密度,所以必须遵循规范的方法及时洗涤玻璃仪器,以免残留物附着在仪器内壁或与玻璃仪器发生反应而难以洗净。

(一) 洗涤方法

1. 普通玻璃仪器的洗涤

对烧杯、锥形瓶、量筒和离心管等实验室常用普通玻璃仪器,可先用少量水润湿,然后用大小合适的毛刷蘸去污粉、肥皂粉或合成洗涤剂在润湿的仪器内外壁刷洗,再用自来水冲洗干净,最后用蒸馏水或去离子水润洗2~3次。

2. 精密玻璃量器的洗涤

对滴定管、移液管、吸量管和容量瓶等具有精密刻度的玻璃量器,不宜用毛刷刷洗,可用合成洗涤剂刷洗,或用热的洗涤剂浸泡一段时间后,再用自来水冲洗干净。必要时,可用氧化能力很强的铬酸洗液洗涤。洗涤时应戴橡胶手套和防护眼镜,将仪器内壁的水沥干,再小心倒入适量铬酸洗液,转动仪器,使洗液润湿仪器内壁,待与污物充分作用后,将洗液倒回原瓶中。(洗液为深棕色,若被还原为绿色则不能再倒回原瓶使用,但要回收。)然后,再将用洗液洗过的玻璃量器用自来水冲洗干净,最后用蒸馏水或去离子水润洗2~3次。

3. 特殊玻璃仪器的洗涤

特殊玻璃仪器,如分光光度法中使用的比色皿(吸收池)由光学玻璃制成,易被有色物污染,可用热的合成洗涤剂或盐酸-乙醇混合液浸泡内外壁数分钟,然后依次用自来水及蒸馏水或去离子水洗净。

洗涤过程中,无论使用自来水还是蒸馏水,都要注意节约用水,应遵循少量多次的原则,并根据污物的性质选择合适的洗涤剂。

(二) 常用洗涤剂

1. 去污粉

去污粉是实验室最常用的洗涤剂,由 Na_2CO_3、白土、细沙等混合而成。具有较强的去污能力,对普通玻璃仪器的清洗效果比较好。

2. 合成洗涤剂

此类洗涤剂主要是洗衣粉、肥皂粉和洗洁精等,适用于洗涤除去油污和某些有机物。

3. 铬酸洗液

铬酸洗液是含有饱和 $K_2Cr_2O_7$ 溶液的浓硫酸,具有强酸性和强氧化性。配制时,将 25 g $K_2Cr_2O_7$ 置于烧杯中,加 50 mL 水溶解,然后在搅拌条件下,慢慢加入 450 mL 浓硫酸而成。适用于洗涤无机物、油污和部分有机物类污物。由于其中的六价铬对人体有害,目前已较少使用,使用时应注意安全和环保。

4. 酸性高锰酸钾洗液

酸性高锰酸钾洗液可用于洗涤除去油污和某些有机物，配制方法是将 4 g $KMnO_4$ 溶于少量水中，加入 10 g NaOH，用水稀释至 100 mL。注意，洗涤后仪器沾污处可能会有褐色二氧化锰析出，再用浓盐酸或草酸洗涤去除。

5. 酸性草酸洗液

该洗液适用于洗涤除去氧化性物质，如沾有 $KMnO_4$、MnO_2 和 Fe^{3+} 等的器皿。配制方法是，取 5~10 g 草酸溶于 100 mL 1∶1 的 HCl 溶液中即可。

6. 盐酸-乙醇溶液

盐酸-乙醇溶液适用于洗涤被有色物污染的比色皿、容量瓶和吸量管等。配制时，将化学纯盐酸和乙醇按 1∶2 的体积比混合即可。

二、实验用纯水规格与制备

（一）纯水规格

纯水是分析化学实验中最常用的溶剂和洗涤剂，其纯度和规格影响分析化学实验的空白值、分析方法的检出限，是影响分析化学实验结果的重要因素。所以应根据分析任务的要求，正确选用符合一定规格、级别的纯水，并对特殊要求的纯水进行特殊处理。一般的分析工作使用蒸馏水或去离子水即可满足要求，而对于超纯物质的分析，则要求使用高纯水或超纯水。

我国将分析实验室用水分为三级。电导率是纯水质量的综合指标。一级水基本不含有溶解的胶态离子杂质和有机物，必须临用前制备，不宜存放，常用于液相色谱等有严格要求的实验。二级水可含有微量的无机物、有机物或胶态离子杂质，主要用于原子吸收光谱、痕量元素分析等。三级水用于一般分析化学实验。

（二）纯水制备

制备纯水常用以下三种方法。

1. 蒸馏法

自来水在蒸馏器中经加热汽化、水蒸气冷凝，重复 1~2 次或多次后即得纯净蒸馏水。蒸馏法制纯水最常使用的是硬质玻璃或石英蒸馏器。蒸馏水可以满足一般分析实验室的用水要求。若需除去溶解在蒸馏水中的气体，则可用超声脱气处理。

2. 离子交换法

离子交换法是采用离子交换树脂分离水中杂质的方法，可得到纯度很高的去离子水，成本低，水量大，但是不能去除水中非离子型杂质，操作较复杂。

3. 电渗析法

电渗析法是在外电场作用下，利用阴、阳离子交换膜对溶液中的离子选择性透过,使杂质离子自水中分离出来的方法,可作为离子交换法的前处理步骤。

4. 反渗透法

水渗透时,水分子通过具有选择性的半透膜从低浓度流向高浓度。反渗透则是利用高压泵使水分子透过半透膜由高浓度流向低浓度。反渗透膜能去除无机盐、有机物(相对分子质量>500)、细菌、热源、病毒、悬浊物(粒径>0.1 μm)等。脱盐率高,产水量大,化学试剂消耗少,劳动强度低,水质稳定,产出水的电阻率较原水的电阻率升高近10倍,纯化效率较高。目前,它是一种高效水纯化技术和应用最广的脱盐技术。反渗透作为离子交换法的前处理步骤,可显著提高去离子柱的使用寿命。反渗透处理水适合大多数实验室使用。

(三) 超纯水的制备

超纯水所使用的纯化技术和简要过程如下,第一步和第二步就是渗析和去离子的过程,然后是活性炭过滤(用化学吸附除去氯,有机吸附除去可溶性有机物)、微孔过滤(或称亚微米过滤,用一个0.2 μm孔径的膜或者中空纤维滤膜,滤除大于0.2 μm的污染物。微孔过滤掉来自碳柱的碳微粒、离子树脂碎片和任何可能进入纯化水系统的细菌)、超滤(用来除去纯化水中所有直径大于0.01 μm的微粒、热源和微生物)。还有一些特别手段,如紫外氧化或光氧化(采用254 nm的紫外光除去系统中的细菌)等。

三、常用化学试剂

(一) 化学试剂分类和规格

化学试剂种类繁多,按其纯度、种类和用途可分为一般试剂、基准试剂、高纯试剂、专用试剂、指示剂和试纸、生化试剂、临床试剂等。下面简单介绍其中几种:

1. 一般试剂

一般试剂是实验室最普遍使用的试剂,按其杂质含量的多少主要分为三个级别。一般试剂的级别、规格、标志及适用范围见表1-1-2。

表1-1-2 一般试剂的级别、规格、标志及适用范围

级别	一	二	三
名称	优级纯	分析纯	化学纯
英文名称	guarantee reagent	analytical reagent	chemical pure
英文缩写	GR	AR	CP
标签颜色	深绿色	红色	蓝色
适用范围	精密分析和科学研究	一般分析和科学研究	一般定性和化学制备

2. 基准试剂(JZ,绿色标签)

基准试剂是指主体含量高、杂质少、稳定性好、化学组成恒定的物质。基准试剂是用来衡量其他物质化学量的标准物质,可标定标准溶液。

3. 高纯试剂

纯度远高于优级纯的试剂称为高纯试剂,它是在通用试剂基础之上发展起来的,是为专门的使用目的而用特殊方法生产的纯度最高的试剂。高纯试剂要求严格控制杂质含量,规定检测的杂质项目比同种优级纯或基准试剂多1~2倍。一般以9来表示试剂纯度,如杂质总含量不高于$1.0×10^{-2}$%,其纯度为4个9(99.99%),简写为4N。高纯试剂不能用于标准溶液的配制(单质氧化物除外),主要用于微量或痕量分析中试样的分解及试液的制备。

4. 专用试剂

专用试剂即具有专门用途的试剂。各类仪器分析中所用试剂,如色谱分析标准试剂、气相色谱载体及固定液、液相色谱填料、薄层分析试剂、紫外及红外光谱纯试剂、核磁共振波谱分析用试剂等均是专用试剂。与高纯试剂相似,专用试剂主体含量较高,杂质含量很低。如光谱纯试剂的杂质含量用光谱分析方法已测定不出或者杂质的含量低于某一限度,它主要用作光谱分析中的标准物质,但不能作为化学分析的基准试剂。

(二) 化学试剂存放和使用

1. 化学试剂的选择

分析工作中应结合具体的实验要求,根据分析对象的组成、含量、对分析结果准确度的要求和分析方法的灵敏度,合理地选用相应级别和规格的试剂。化学分析实验通常使用分析纯试剂;仪器分析实验一般使用优级纯、分析纯试剂或专用试剂。如果实验对主体含量要求高,则宜选用分析纯试剂;若对杂质含量要求高,则要选用优级纯试剂或专用试剂。

2. 化学试剂的存放

一定要按照安全操作规程和安全管理规程使用和存放化学试剂。要依据物质自身的物理和化学性质,采取措施降低或杜绝化学试剂变性、自然损耗,以及方便试剂取用。一般氧化剂和还原剂应密闭、避光保存并隔开存放。易挥发试剂应低温存放,易燃易爆试剂要存储于避光、阴凉通风的地方。剧毒危险品要有专人专柜妥善保管。所有试剂瓶上应标签完好。

3. 化学试剂的取用

在取用和使用任何化学试剂时,首先要做到"三不",即不能用手接触药品,不可直接闻药品的气味,不得品尝任何药品的味道。注意节约药品,严格按照实验规定用量取用。此外还应注意试剂瓶塞或瓶盖打开后要倒放在实验台上,取用后立即塞紧盖好。防止试剂污染变质而不能使用,甚至可能引起意外事故。

(1) 固体试剂的取用　固体试剂一般用洁净干燥的药匙取用,并尽量送入容器底部。特别是固体粉末容易散落或粘在容器口和壁上,可将其倒在折成槽形的纸条上,并使容器倾斜,将纸槽小心伸入容器底部,竖起容器让试剂全部落入容器底部。

块状固体用镊子夹取,送入容器时,务必先使容器倾斜,使之沿器壁慢慢滑入容器底部。

取用试剂后的镊子或药匙务必擦拭干净、不留残物,绝不能一匙多用。

(2) 试液的取用　取用少量试液时可使用胶头滴管吸取。取量较多时则采用直接倾泻法。从试剂瓶中将液体倾入容器时,把试剂瓶上贴有标签的一面握在手心,另一手将容器斜持,并使试剂瓶口与容器口相接触,逐渐倾斜试剂瓶,倒出液体,使其沿着容器壁流入容器,或沿着洁净的玻璃棒将液体试剂引流入大口容器或容量瓶内。取出所需量后,逐渐竖起试剂瓶,把瓶口剩余的液滴转入容器中去,以免液滴沿着试剂瓶外壁流下。

若实验中无规定剂量,一般取用 1.0~2.0 mL。定量使用时,则可根据要求选用量器、滴定管或移液管。取多的试剂不能倒回原瓶,更不能随意废弃。应倒入指定容器内供他人使用。

若取用有毒试剂,则必须在教师指导下,严格遵照规则取用。

四、基准物质和标准溶液

在国民经济的许多部门及科学研究中,都离不开分析测试工作。为保证测定结果准确可靠,具有公认的可比性,必须使用基准物质溶液或用基准物质标定某一溶液准确浓度、校准仪器和评价分析方法。在分析化学中常用的基准物质有纯金属和纯化合物等。表 1-1-3 列出了滴定分析中常用的基准物质。

表 1-1-3　滴定分析中常用的基准物质

基准物质	用其标定的标准溶液	国家标准号
氯化钠	硝酸银标准溶液	GB1253—2007
草酸钠	高锰酸钾标准溶液	GB1254—2007
无水碳酸钠	盐酸、硫酸标准溶液	GB1255—2007
三氧化二砷	碘标准溶液	GB1256—2008
邻苯二甲酸氢钾	氢氧化钠、高氯酸标准溶液	GB1257—2007
碘酸钾	直接配制标准溶液	GB1258—2008
重铬酸钾	硫代硫酸钠标准溶液	GB1259—2007
氧化锌	EDTA 二钠标准溶液	GB1260—2008

续表

基准物质	用其标定的标准溶液	国家标准号
氯化钾	硝酸银标准溶液	GB10736—2008
乙二胺四乙酸二钠	氯化锌标准溶液	GB12593—2007
溴酸钾	硫代硫酸钠标准溶液	GB12594—2008
硝酸银	氯化钠标准溶液	GB12595—2008
碳酸钙	EDTA 二钠标准溶液	GB12596—2008
苯甲酸	氢氧化钠标准溶液	GB12597—2008

(一)滴定分析标准溶液的配制方法

标准溶液是指已知其准确浓度的溶液(常用四位有效数字表示),是滴定分析中进行定量计算的依据之一。标准溶液的配制方法一般有以下两种:

1. 直接配制法

滴定分析中常用的基准物质(工作基准试剂和某些纯金属)见表 1-1-3,具有确定的化学组成,其组成与化学式相符,纯度高(主体含量大于 99.9%),在空气中稳定,可以直接配成标准溶液。

配制一定体积、一定物质的量浓度的标准溶液,过程分为五步:称量、溶解、转移、定容和摇匀。即在分析天平上准确称取一定质量的某物质,溶解于适量蒸馏水后定量转入容量瓶中,然后稀释、定容并摇匀。根据溶质的质量和容量瓶的容积,即可计算出该溶液的准确浓度。

称量时,应该严格按照分析天平使用规则和称量的规范操作进行,应掌握溶解、转移和定容的操作要领,溶解时小心搅拌、防止溅失,转移时沿玻璃棒小心倾倒,洗涤配制溶液的烧杯内壁数次,准确定容至一定体积,摇匀则是为了使所得溶液各个部分的浓度均匀,可避免加水稀释时上下浓度不同造成实际取出的溶液浓度不符合要求。这种配制方法简单,但成本高,不宜大批量使用,而很多标准溶液无合适的基准物质配制(如 $NaOH$、HCl、$KMnO_4$ 等)。

2. 间接配制法(标定法)

间接配制法是最普遍使用的方法,即先用分析纯试剂配成近似所需浓度的溶液,然后用一定质量的另一基准物质与其定量反应,或者与另一种已知准确浓度的标准溶液反应来确定其准确浓度。

标定时,要注意保持标定和测定条件相同或相近,以减小系统误差。

基准物质要按照规定的方法预先进行干燥,配制标准溶液应选用符合实验要求的纯水,络合滴定和沉淀滴定一般要求三级水以上,其他标准溶液通常使用三级水。

标准溶液应密闭保存,避免阳光直射,见光易分解的标准溶液用棕色试剂瓶储存。使用前应将溶液摇匀。标准溶液的标定周期一般为 1~2 个月。

(二) 仪器分析标准溶液的配制方法

仪器分析种类繁多,不同的仪器分析方法对试剂的要求也不相同,即使是同种仪器分析方法,当分析对象不同时所用试剂的级别也可能不同。配制仪器分析中的标准溶液可能用到专用试剂、高纯试剂、纯金属,以及其他基准物质、优级纯及分析纯试剂等。配制用水应为二级水。

仪器分析标准溶液常用质量浓度($\mu g \cdot mL^{-1}$、$g \cdot L^{-1}$)或物质的量浓度($mol \cdot L^{-1}$)表示。由于仪器分析标准溶液的浓度比较低、保质期较短,通常先配制成比操作溶液高 1~3 个数量级的浓溶液作为储备液,临用前稀释或逐次稀释至所需浓度。某些金属离子的标准储备液应储存在聚乙烯瓶中,以防止存放过程中容器对标准溶液的污染和吸附。

(三) 标准缓冲溶液的配制方法

用酸度计测量溶液 pH 时,必须先用 pH 基准试剂配制的标准缓冲溶液对仪器进行校准(定位),标准缓冲溶液的浓度用质量摩尔浓度单位 $mol \cdot kg^{-1}$ 表示,并接近待测溶液的 pH。标准缓冲溶液的 pH 是在一定温度下,经过实验精确测定的。表 1-1-4 是几种常用标准缓冲溶液的 pH。

表 1-1-4　几种常用标准缓冲溶液的 pH

标准缓冲溶液	pH(实验值,25 ℃)
饱和酒石酸氢钾溶液($0.034\ mol \cdot kg^{-1}$)	3.56
邻苯二甲酸氢钾溶液($0.050\ mol \cdot kg^{-1}$)	4.01
KH_2PO_4($0.025\ mol \cdot kg^{-1}$)-Na_2HPO_4($0.025\ mol \cdot kg^{-1}$)	6.86
硼砂溶液($0.010\ mol \cdot kg^{-1}$)	9.18

第二章 分析化学实验基本操作

第一节 半微量定性分析的试剂和试液、仪器和基本操作

一、试剂和试液

1. 试剂

半微量定性分析所需要的试剂量很少,对溶液来说每次不过几滴,对固体来说不过几毫克,因此试剂大都装在一些体积较小的试剂瓶中(图1-2-1),试剂瓶再按一定的顺序排列在试剂架上。试剂可按其性质分为以下几种类型:酸、碱、盐、特殊试剂、固体试剂、有机溶剂、试纸等。其中酸碱溶液又各有不同的浓度,以满足使用中的不同需要。常用指示剂的配制方法,见本书附录二。试剂在使用中要防止被污染。除试剂瓶所附带的滴管外,不得使用其他滴管吸取试剂,而且试剂瓶上的滴管除非用以取药品,否则不能随便拿下,更不准放在别处。取药品时要注意不使滴管尖端接触到其他药品。试剂瓶用后要放在试剂架的固定位置上,以保证实验者可以很快找到所需的试剂。

图1-2-1 试剂瓶

2. 试液

试液是研究各离子性质、配制混合分析试液和未知试液时用的,分为储备试液和练习试液两种。储备试液一般质量浓度为 $100 \text{ g} \cdot \text{L}^{-1}$,存放在教师实验室备用;发给学生用的叫练习试液,简称试液,质量浓度为 $10 \text{ g} \cdot \text{L}^{-1}$。常用缓冲溶液的配制方法见本书附录三。

二、主要仪器及操作技术

(一)主要仪器

1. 离心管及离心管架

离心管的容量为 5~10 mL,尖端呈锥形(图1-2-2)。在离心沉降时,沉淀

集中在尖端较细部分,便于对沉淀进行观察和将离心液分出。为了估计溶液或沉淀的体积,可备有 1~2 支刻度离心管,离心管放在离心管架上。

2. 点滴板

点滴板是带有凹槽的瓷板或厚玻璃板(图 1-2-3),点滴反应在凹槽中进行。为了适应不同的情况,点滴板有白的、黑的和透明的三种。在白瓷点滴板上适于进行有色反应;在黑瓷点滴板上适于进行生成白色沉淀的反应;如果沉淀颜色和母液颜色相同,则使用厚玻璃制的透明点滴板效果最好,没有透明点滴板时可以用表面皿代替。

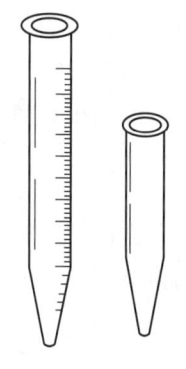

图 1-2-2　离心管

3. 表面皿

表面皿以直径 5~7 cm 的最为适用。在半微量定性分析中,表面皿既可作鉴定反应的容器,又可把两块合成起来作为气室(图 1-2-4)。

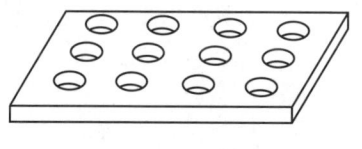

图 1-2-3　点滴板

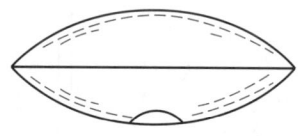

图 1-2-4　气室

4. 杓皿(或微坩埚)

杓皿是一种有柄蒸发皿[图 1-2-5(a)],在半微量定性分析中用于蒸发溶液,灼烧分解铵盐。可以用微坩埚[图 1-2-5(b)]代替。

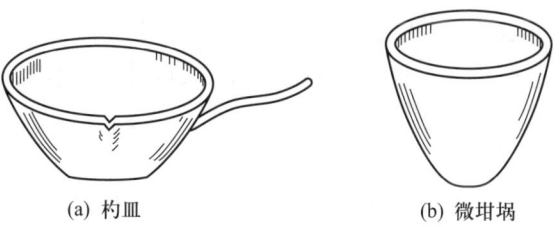

(a) 杓皿　　　　　　(b) 微坩埚

图 1-2-5　杓皿和坩埚

5. 洗瓶

洗瓶用 500 mL 平底烧瓶或软质塑料瓶制作,用于以蒸馏水洗涤离心管或滴管等。

6. 滴管、搅拌棒和药匙

滴管[图 1-2-6(a)]用于滴加一定体积的水或溶液,其每滴为 0.05 mL,制作时安乳胶头的一端应稍加扩大以免透气。毛细滴管[图 1-2-6(b)]的主要用途是从离心管中吸出沉淀上部的离心液,所以也叫毛细吸管,其尖端较滴管细而长。有时也用于滴加少量试剂,其 1 滴为 0.02 mL,制作方法与滴管相似。

搅拌棒[图 1-2-6(c)]是细长的玻璃棒,用于搅拌离心管的内容物、洗涤沉淀、加速反应等。

药匙[图 1-2-6(d)]是将玻璃棒的一端烧红用镊子压扁制成的,用于取少量固体试剂。

7. 离心机

离心机是利用离心沉降原理将沉淀同溶液分开的设备,电动离心机如图 1-2-7 所示。

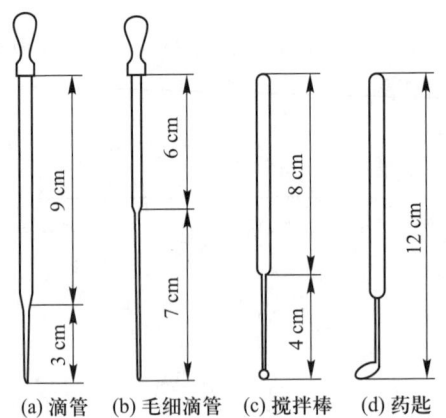

图 1-2-6 滴管、搅拌棒和药匙

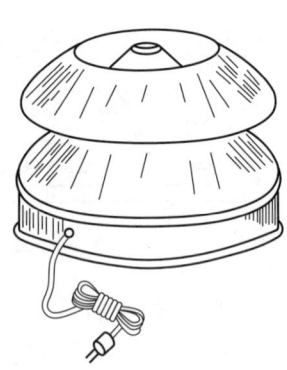

图 1-2-7 电动离心机

(二) 操作技术

半微量定性分析是一种很精致的实验工作,因此在操作技术上就有比较严格的要求。现就其要点分述如下。

1. 仪器的洗涤

半微量定性分析的鉴定方法都很灵敏,即少量杂质也会造成很大影响,因此经常保证仪器的清洁是实验中的一项重要的要求。

洗涤方法见第一章第三节中玻璃器皿的洗涤。

2. 滴加试剂

滴加试剂时,① 只能使用试剂瓶所附滴管,不准用其他滴管伸到试剂瓶中去吸取试剂;② 滴管必须保持垂直,避免倾斜或倒立,以免试剂流入乳胶头;③ 滴管尖端要略高于容器口,不要碰到其他任何东西,用后放回原处,不许放在桌子上或其他地方。

3. 离心沉降

离心沉降是半微量定性分析中分离沉淀与溶液的基本方法,用离心机完成。离心机在使用中应注意以下几点:

(1) 为了防止旋转中碰破离心管,离心机的套管底部应垫以棉花。

(2) 尽量使对称位置上有质量相近的离心管。如果只准备处理一支离心管,则在对称位置上应放一盛有等体积水的离心管,以保持平衡。

(3) 开动时应由慢速开始,运转平稳后再逐渐过渡到快速。

(4) 转速和旋转时间视沉淀性状而定,晶形沉淀以 1 000 r/min 的转速,离心 1~2 min 即可,无定形沉淀以 2 000 r/min 的转速分离,需经 3~4 min。

(5) 如果离心管打碎在套管中,则应取出碎玻璃,立即清洗套管,以免被腐蚀。平时取放离心管时,切忌污染离心机。

4. 离心液的转移

经过离心沉降以后,在转移离心液之前,应先检查沉淀是否已经完全。方法是沿离心管壁再加一滴试剂,观察上部清液是否变浑。如不变浑,则表示沉淀已完全;否则继续加足量试剂,重新离心沉降。

在证实沉淀确已完全后,可用毛细滴管将沉淀上部的离心液吸出,转移至另一容器。吸出离心液时要切记先在外部将乳胶头捏瘪,排出管内空气,然后小心地伸入管中,并接近沉淀表面,然后慢慢放松。将离心液吸入毛细滴管;此时离心管要保持倾斜位置,以便将全部离心液吸出(见图 1-2-8)。

在沉淀比较紧密的情况下,离心液也可以用比较简单的倾泻法转移,其操作方法见图 1-2-9。

图 1-2-8 用吸出法转移离心液

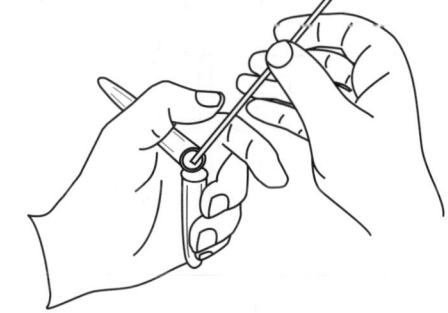

图 1-2-9 用倾泻法转移离心液

5. 沉淀的洗涤

沉淀与离心液分离后,沉淀中仍包藏着少量离心液,这部分离心液必须洗去。洗涤的方法是向沉淀上加 2~3 倍于沉淀体积的洗涤液,搅拌,离心沉降,转移洗涤液。

洗涤液视沉淀不同而异。对溶解度小的晶形沉淀可以用冷水洗;对胶性沉淀宜用稀电解质溶液洗,必要时还要加热洗涤液,以免发生胶溶现象;对溶解度较大的沉淀,应考虑在洗涤液中加入同离子盐,以免在洗涤过程中发生溶解损失。

洗涤的次数一般 2~3 次即可,但每次洗涤后要尽量把洗涤液全部吸出。必要时还要检查最后一次吸出液中是否含有要洗去的离子以确定洗涤完全与否。

6. 沉淀的分取

洗净后的沉淀如需分成几份分别加以研究时,则可在含有沉淀的离心管中加几滴水,以滴管向其中吹气搅拌,使之成悬浊液,然后以滴管分别吸出,置于适当容器中研究。

7. 沉淀的溶解

沉淀的进一步处理如需将它溶解时,应在沉淀洗涤后立即进行,否则放置时间过长,沉淀会发生老化现象,有的沉淀可能变得不易溶解。

溶解时应一边滴加试剂,一边搅拌,同时观察溶解的情况。必要时还要在水浴上加热,以促进沉淀的溶解。

如果沉淀只是部分地溶解于试剂,则应特别注意务必使应该溶解的部分溶解完全。一般加两次试剂处理较为稳妥。

8. 加热

离心管不得在火上直接加热,应放在水浴(图 1-2-10)上加热,水浴中的水应保持微沸。水浴可由一只 300 mL 烧杯和一个铝制离心管座组成。如果没有特制的离心管座,也可简单地用铁丝或铜丝扭成(图 1-2-11)。

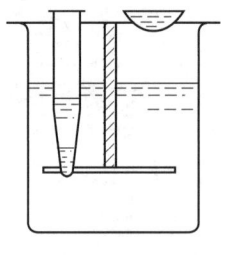
图 1-2-10　水浴

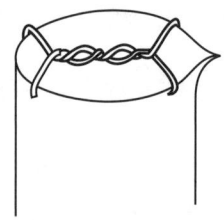
图 1-2-11　铁丝架

9. 蒸发

蒸发可在杓皿或微坩埚(或微烧杯)中进行。直接放在石棉网上小火加热。蒸发至将干时,须及时停止加热,利用石棉网上的余热蒸发,以免在强热下使某些盐分解为难溶性的氧化物,变得不好处理。

10. 气体的鉴定

在定性分析中,鉴定气体可在气室(见图 1-2-4)中进行,也可在如图 1-2-12 所示的验气装置中进行。(a) 为在离心管的软木塞上插一尖端为球形的玻璃棒,试剂就悬在球形处。(b) 为插一玻璃管,试剂保持在管的尖端。当离心管中的试液产生气体时,便与试剂发生作用。如作用的结果是产生白色沉淀[如 CO_2 与 $Ca(OH)_2$ 的反应],则(a)中的玻璃棒使用蓝色的更为合适。但更为简单适用的是(c)。选择两个合适的离心管,一支插在另一支上,使之恰好堵住下管管口。为了保持更好的气密性,可使两支离心管的接合处保留一薄层蒸馏水。插入的离心管尖端,悬一滴试液。

11. 纸上点滴反应

取定性滤纸(反应纸)一小块(约 2 cm× 2 cm),以手悬空拿持或放在坩埚口上(不要放在实验台或其他物品上面)。将吸有试液的毛细滴管尖端与滤纸垂直接触,不必挤压乳胶头,让试液慢慢被滤纸吸收,成一湿斑,然后移开毛细滴管,用同法将试剂滴在湿斑上,观察反应的结果。注意,不可用毛细滴管直接从试剂瓶吸取试剂,而应先把试剂滴在点滴板上待取。

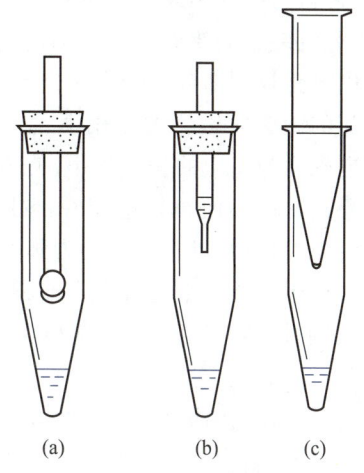

图 1-2-12 验气装置

第二节 电子分析天平

分析天平是定量分析实验必备的精密衡量仪器,一般是指能准确称量到 0.000 1 g 的天平。由于使用天平称量常常是定量测定的第一步,因此,了解天平的构造,掌握其正确的使用方法,严格遵守天平的使用规则,从而获得正确的称量数据,是定量分析结果准确的前提保证。电子分析天平是新一代的天平,实验室通常使用 0.01 g 精度的台秤和 0.1 mg 精度的电子分析天平。

一、电子分析天平的结构原理

目前分析化学实验室大多采用的是顶部承载式万分之一(称量精度为 0.1 mg)电子分析天平(简称电子天平或分析天平),见图 1-2-13。它是基于电磁力平衡来进行称量的天平,采用的是电磁力平衡式称重传感器,具有称量速度快、精度高且误差小等特点。

依据电磁力平衡原理,称量时电磁力平衡式称重传感器的导向机构在称量物的重力作用下,会因为形变而产生位移,位移量经过杠杆的放大后,使得与杠杆相连接的线圈在静止的磁场中移动,光电装置测出线圈偏离原来平衡的位置后,会由电路控制部分给线圈一定的补偿电流,通有电流的线圈在磁场的作用下,会产生电磁力,通过电磁力与重力的相互作用,使得杠杆重新恢复到平衡状态。而补偿电流在经由电路控制部分的转换处理后,可直接转换为称量物的质量。

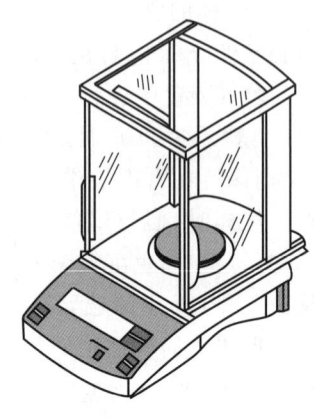

图 1-2-13 电子分析天平

电子分析天平通过设定的程序,实现自动调零、自动校准、自动去皮、自动显示称量结果,全量程不需砝码,可切换多种质量单位,如 g、mg、ct 等。其独具的"去皮"功能使称量更为简便、快速,使单次试样的称量时间大大缩短。

目前,新型电子分析天平还有自动保温系统、加热装置、四级防震装置,可进行含水量测定、小型活体动物体重称量、现场称量及开门、去皮等的红外感应式操作。

二、电子分析天平的称量方法

根据不同的称量对象及称量要求,须采用相应的称量方法,常用的称量方法有以下三种。

1. 直接称量法

调定天平零点后,将称量物置于电子分析天平秤盘上,待天平达到平衡后,所得读数即为称量物的质量。该法适用于称量不易吸水、在空气中性质稳定的物质,如金属、矿样、小烧杯等。

2. 固定质量称量法

此方法适用于在空气中没有吸湿性的试样,如金属、合金的粉末或小颗粒。先按直接称量法称取盛放试样器皿的质量,然后去皮,再用小药匙将试样逐步加到盛放试样的器皿中,直到天平达到平衡,显示数据与称量物的质量吻合。这种方法在工业生产的例行分析中得到广泛应用。

3. 减量法

这种方法称出试样的质量不要求固定的数值,只需在要求的称量范围内即可。常用于称取易吸湿、易氧化或易与 CO_2 起反应的物质。称取固体试样时,将适量的试样装入干燥洁净的称量瓶中,盖好盖子,用洁净的小纸条套在称量瓶上[图1-2-14(a)]。

在天平上称得质量,然后按去皮键。取出称量瓶,放在盛放试样容器的上方,打开瓶盖,将称量瓶倾斜,用瓶盖轻轻敲击称量瓶的上部,使试样慢慢落入容器中,如图1-2-14(b)所示。当倾出的试样接近所需的质量时,慢慢地将称量瓶竖起,再用瓶盖敲击瓶口上部,使粘在瓶口的试样落回称量瓶中,盖好瓶塞,再将称量瓶放回到秤盘上称量,显示数值为负值,其绝对值即为所称试样质量。

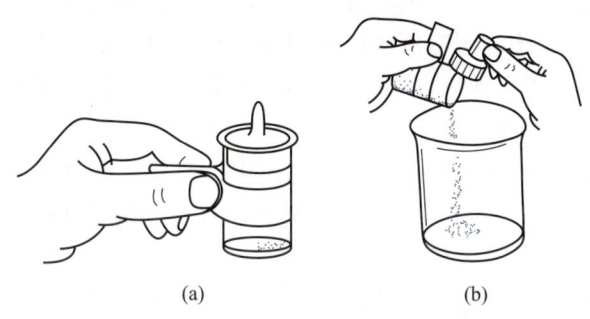

图1-2-14 减量法称量

三、电子分析天平的使用规则

电子分析天平的使用规则如下:

(1) 称量前先将电子分析天平罩取下叠好,放在天平箱上面,检查电子分析天平是否处于水平状态,用软毛刷轻刷天平,检查和调整天平的零点。

(2) 电子分析天平的前门不得随意打开,它主要供安装、调试和维修电子分析天平时使用。称量时应关好侧门。化学试剂和试样都不得直接放在秤盘上,应放在干净的表面皿、称量瓶或坩埚内,具有腐蚀性的气体或吸湿性物质,必须放在称量瓶或其他适当的密闭容器中称量。

(3) 称量的数据应及时记录在实验记录本上,不得记在纸片或其他地方。

(4) 电子分析天平的载重不能超过它的最大负载。在同一次实验中,应使用同一台电子分析天平,以减小称量误差。

(5) 称量的物体必须与天平箱内的温度一致,不得把热的或冷的物体放进电子分析天平称量。为了防潮,在天平箱内应放有吸湿用的干燥剂,如变色硅胶等。

(6) 称量完毕,关闭电子分析天平,取出称量物,检查电子分析天平内外的清洁,关好侧门。然后检查零点,将使用情况登记在电子分析天平使用登记簿上,再切断电源,最后罩上天平罩,将坐凳放回原处。

第三节　滴定分析仪器和基本操作

滴定分析中,滴定管、容量瓶、移液管、吸量管和移液器是准确测量溶液体积的量器。体积测量的相对误差是影响分析结果准确度的主要因素,体积测量不够准确(如相对误差>0.2%),其他操作步骤即使做得很正确,也会给分析结果带来很大的误差,因为在一般情况下分析结果的准确度是由误差最大的那项因素所决定。因此,必须准确测量溶液的体积以得到正确的分析结果。溶液体积测量的准确度不仅取决于所用量器是否准确,更重要的是取决于准备的量器和使用量器时的操作是否正确。

在分析化学中,测量溶液的准确体积需用已知容量的量器。量器分为量出式量器和量入式量器。量出式量器(量器上标有 Ex)如滴定管、移液管、吸量管和移液器,用于测量从量器中排(放)出液体的体积(称为标称容量)。量入式量器(量器上标有 In)如容量瓶等,用于测量量器中所容纳液体的体积,其体积称为标称体积。量器又根据其容量允差和水的流出时间分为 A 级、A_2 级和 B 级(量器上标有"A""A_2"和"B"字),见表 1-2-1。另外快流式量器(如吸量管)标有"快"字,吹式量器(如吸量管)标有"吹"字。

表 1-2-1　量器的规格和允差

量器名称	标称容量/mL	容量允差*/mL			水的流出时间/s	
		A 级	A_2 级	B 级	A 级、A_2 级	B 级
滴定管	25	±0.040	±0.060	±0.080	45~70	35~70
移液管	20	±0.030		±0.060	25~35	20~35
吸量管	10	±0.050		±0.10	7~17	
容量瓶	500	±0.25		±0.50		

* 标准温度 20 ℃,滴定管和吸量管为全容量和零到任意刻度,移液管和容量瓶为全容量。

一、滴定管

滴定管是滴定时用来准确测量流出标准溶液体积的量器。它的主要部分管身是用细长而且内径均匀的玻璃管制成的,上面刻有均匀的分度线(线宽不超过 0.3 mm),下端的流液口为一尖嘴,中间通过玻璃旋塞或乳胶管连接以控制滴定速度。常量分析用的滴定管标称容量为 50 mL 和 25 mL,还有标称容量为 10 mL、5 mL、2 mL、1 mL 的半微量或微量滴定管。本书滴定分析实验中所用滴定管,其标称容量为 25 mL,最小刻度为 0.1 mL,读数可准确到 0.01 mL。

滴定管一般分为两种：一种是酸式滴定管，如图1-2-15(a)所示，一种是碱式滴定管，如图1-2-15(b)所示；还有一种是酸碱通用型聚四氟乙烯旋塞滴定管，如图1-2-16所示。

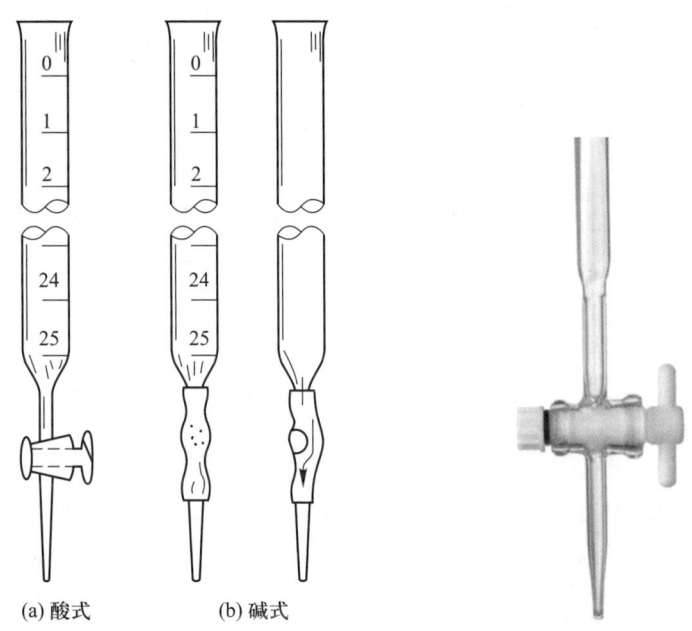

图1-2-15 滴定管　　　　图1-2-16 聚四氟乙烯旋塞滴定管

酸式滴定管下端有玻璃旋塞开关，用来装酸性溶液和氧化性溶液，不宜盛碱性溶液(避免腐蚀磨口和旋塞)。碱式滴定管的下端连接一段乳胶管，管内有玻璃珠以控制溶液的流出，乳胶管下端再连一尖嘴玻璃管，凡是能与乳胶管反应的氧化性溶液，如 $KMnO_4$、I_2 溶液等，不得装在碱式滴定管中。酸碱通用型聚四氟乙烯旋塞滴定管可克服酸、碱式滴定管存在的玻璃旋塞易堵塞、乳胶管易老化等缺点，使用较为方便。

（一）滴定管使用前的准备

酸式滴定管使用前应检查旋塞转动是否灵活，然后检查是否漏水。试漏的方法是先将旋塞关闭，在滴定管内充满水，将滴定管固定在滴定管夹上，放置2 min，观察管口及旋塞两端是否有水渗出；将旋塞转动180°，再放置2 min，看是否有水渗出。若前后两次均无水渗出，旋塞转动也灵活，即可使用，否则应将旋塞取出，重新涂上凡士林(起密封和润滑作用)后再使用。

涂凡士林的做法是：将滴定管中的水倒掉，平放在实验台上，抽出旋塞，用滤纸将旋塞及旋塞槽内的水擦干，用手指蘸少许凡士林在旋塞的两头均匀地涂上薄薄一层,在旋塞孔的两旁少涂一些,以免凡士林堵住塞孔。涂凡士林后将旋塞直插入旋塞槽中,插时旋塞孔应与滴定管平行,旋塞不要转动。以免将凡士林挤到旋塞孔中,然后按紧,向同一方向转动旋塞,直至旋塞中油膜均匀透明了。

若发现转动不灵活,或出现纹路,则表示凡士林涂得不够;若有凡士林从旋塞缝内挤出,或旋塞孔被堵,则表示凡士林涂得过多。遇到这些情况,都必须把旋塞槽和旋塞擦干净后,重新涂凡士林。涂好凡士林后,应在旋塞末端套上一个乳胶圈(由乳胶管剪下一小段),以防脱落打碎。套乳胶圈时,要用手指抵住旋塞柄,防止其松动。

碱式滴定管应选择大小合适的玻璃珠和乳胶管。玻璃珠过小会漏水或使用时上下滑动,过大则在放出液体时手指过于吃力,且操作不方便。如不合要求,应及时更换。

酸碱通用型聚四氟乙烯旋塞滴定管可通过调节螺丝控制。

最后是洗涤滴定管,如用铬酸洗液洗涤时,可将滴定管内的水沥干,倒入 5～10 mL 洗液(碱式滴定管应卸下乳胶管,套上旧乳胶头,再倒入洗液),将滴定管逐渐向管口倾斜,用两手转动滴定管,使洗液布满全管,然后打开旋塞将洗液放回原瓶中。如果内壁沾污较多时,则需用洗液充满滴定管(包括旋塞下部尖嘴出口)浸泡 10 min 至数小时或用温热洗液浸泡 20～30 min。为防止洗液流出,可在滴定管下方放一小烧杯承接。最后用自来水冲洗干净、蒸馏水润洗,洗净后的滴定管内壁应洁净透明而不挂水珠。

(二) 标准溶液的装入

将标准溶液装入滴定管之前,应将其摇匀,使凝结在瓶内壁上的水珠混入溶液,在天气比较热或室温变化较大时,此项操作更为重要。混匀后的标准溶液应直接倒入滴定管中,不得借用任何别的器皿(如烧杯、漏斗),以免标准溶液浓度改变或造成污染。为了避免装入后的标准溶液被稀释,应用此种标准溶液 5～10 mL 润洗滴定管 2～3 次。操作时,两手平端滴定管,慢慢转动,使标准溶液流遍全管,并使溶液从滴定管下端流尽,以除去管内残留水分。装好标准溶液后,应注意检查滴定管尖嘴内有无气泡,否则在滴定过程中,气泡将逸出,影响溶液体积的准确测量。

对于酸式滴定管和通用型滴定管,可迅速转动旋塞,使溶液快速冲出,将气泡带走;或轻轻摇动滴定管使气泡上升浮出液面而被排出。对于碱式滴定管,一手拿住滴定管上端,并使管身倾斜,另一手捏挤乳胶管玻璃珠周围,并使尖端上翘,使溶液从尖嘴处喷出,即可排出气泡(图 1-2-17)。

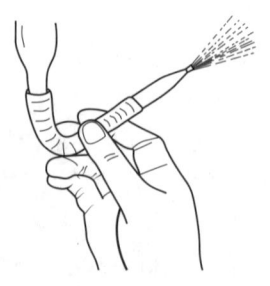

图 1-2-17 碱式滴定管排气泡

（三）滴定管的读数

滴定管读数前，若发现滴定管尖嘴处悬挂有液滴，可轻触洁净的烧杯内壁将其除去再行读数；但若滴定完成后尖嘴处挂有液滴，则无法准确确定滴定体积。滴定管的读数不准确，通常是滴定分析误差的主要来源之一。因此，读数时应遵循下列规则：

（1）装满溶液或放出溶液后，须等 1~2 min，使附着在内壁的溶液流下来，再进行读数。若放出溶液的速度较慢（如临近终点时等），等 0.5~1 min 即可读数。每次读数前要检查一下管壁是否挂水珠，管尖是否有气泡，管出口尖嘴处是否悬有液滴。

（2）读数时应将滴定管从滴定管架上取下，用拇指和食指捏住管上端无刻度处，使滴定管保持垂直状态。在滴定管架上直接读数方法不宜采用，因该方法难以确保滴定管处于垂直状态。

（3）液体由于表面张力，滴定管内液面呈弯月形。对于无色或浅色溶液，弯月面清晰，读数时，应读取视线与弯月面下缘实线最低点相切处的刻度，如图 1-2-18（a）所示；对于有色溶液（如 $KMnO_4$、I_2 溶液等）弯月面清晰度较差，读数时，应读取视线与液面两侧的最高点呈水平处的刻度。

（4）使用"蓝带"滴定管时，读数方法与上述不同，在这种滴定管中，液面呈现三角交叉点，此时应读取交叉点处的刻度，如图 1-2-18（b）所示。

（5）每次滴定前应将液面调节在 0.00 mL 处或稍下一点的位置，这样可固定在某一段体积范围内滴定，以减少体积测量的误差。

（6）读数必须读到小数点后第二位，而且要求准确到 0.01 mL。

（7）为了读数准确，可采用读数卡，这种方法有助于初学者练习读数。读数卡可用贴有黑纸或涂有墨的长方形（约 3 cm×1.5 cm）的白板制成。读数时，将读数卡放在滴定管背后，使黑色部分在弯月面下的 1 mm 处，此时即可看到弯月面的反射层呈黑色，然后读与此黑色弯月面下缘相切的刻度，如图 1-2-18（c）所示。读数时应注意条件保持一致，或都使用读数卡，或都不使用读数卡。

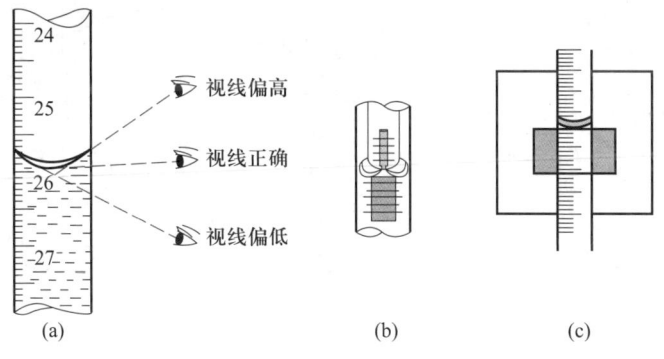

图 1-2-18　滴定管读数

（四）滴定操作

滴定时，应将滴定管垂直地夹在滴定管架上，滴定台应呈白色，否则应放一块白瓷板作背景，以便观察滴定过程溶液颜色的变化。滴定最好在锥形瓶中进行，必要时也可以在烧杯中进行。

使用酸式滴定管时，用左手控制滴定管的旋塞，拇指在前，食指和中指在后，手指略微弯曲，轻轻向内扣住旋塞，转动旋塞时要注意勿使手心顶着旋塞，以防旋塞松动，造成溶液渗漏。右手的拇指、食指和中指握持锥形瓶的瓶颈，其余两指辅助之，使滴定管尖稍伸进瓶口为宜，边滴定边摇动，使瓶内溶液混合均匀，反应及时完全。摇动时应做同一方向的圆周运动，滴定操作如图 1-2-19 所示。开始滴定时，溶液滴加的速度可以稍快些，但也不能成流水状放出。滴定时，左手不要离开旋塞，并要注意观察滴定剂落点处周围颜色的变化，以判断终点是否临近。临近终点时，滴定速度要减慢，应一滴或半滴地滴加，滴一滴，摇几下，并以洗瓶吹入少量纯水洗锥形瓶内壁，使附着的溶液全部流下；然后再半滴半滴地滴加，直到溶液颜色发生明显的变化，迅速关闭旋塞，停止滴定，即为滴定终点。半滴的滴法是将旋塞稍稍转动，使有半滴溶液悬于管口，将锥形瓶与管口接触，使液滴流出，并用洗瓶以纯水冲下。

使用碱式滴定管时，左手拇指在前，食指在后，其余三指夹住出口管。用拇指与食指的指尖捏挤玻璃珠周围右侧的乳胶管，使乳胶管与玻璃珠之间形成一小缝隙，如图 1-2-20 所示，溶液即可流出。应当注意，不要用力捏玻璃珠，也不要使玻璃珠上下移动；不要捏挤玻璃珠下部乳胶管，以免空气进入而形成气泡；停止加液时，应先松开拇指和食指，然后才松开其余三指。

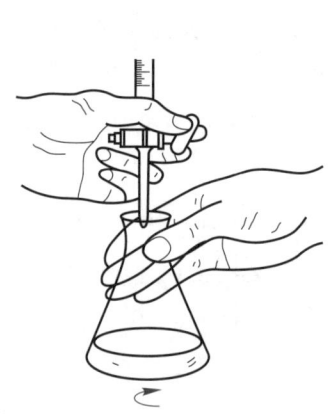

图 1-2-19 酸式滴定管的操作

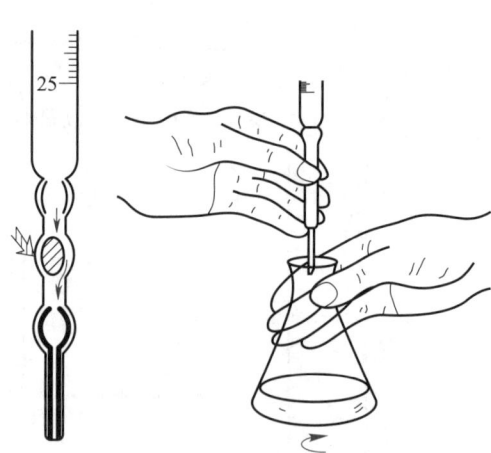

图 1-2-20 碱式滴定管的操作

二、容量瓶

容量瓶是常用的测量容纳液体体积的量入式量器。它是一种细颈梨形的平底玻璃瓶,带有磨口玻璃塞或塑料塞。在其颈上有一标线,在指定温度下,当溶液充满至弯月面下缘与标线相切时,所容纳的溶液体积等于瓶上标示的体积。常用的容量瓶有 10 mL、25 mL、50 mL、100 mL、250 mL、500 mL、1 000 mL 等各种规格。

容量瓶的主要用途是配制准确浓度的标准溶液或定量稀释溶液。它常和移液管配合使用,把配成的溶液分成若干等份。

(一) 容量瓶的准备

使用容量瓶前应先检查是否漏水,标线位置离瓶口是否太近,如漏水或标线太近,则不宜使用。检漏时,加自来水至标线附近,盖好瓶塞,一手拿瓶颈标线以上部位,食指按住瓶塞,另一手指尖托住瓶底边缘。倒立 2 min,如不漏水,则将瓶直立,转动瓶塞180°,再倒立 2 min,如不漏水,即可使用。用橡皮筋将瓶塞系在瓶颈上,瓶塞与瓶配套使用,不得弄错,以免漏水。

容量瓶应洗涤干净,洗涤方法同洗涤滴定管。

(二) 容量瓶的使用

用固体物质(基准试剂或待测试样)配制溶液时,先将准确称取的固体物质于小烧杯中溶解后,再将溶液定量转移到预先洗净的容量瓶中,转移溶液的方法如图 1-2-21 所示,一手拿着玻璃棒,并将它伸入瓶中;另一手拿烧杯,让烧杯嘴贴紧玻璃棒,慢慢倾斜烧杯,使溶液沿着玻璃棒流下,倾完溶液后,将烧杯沿玻璃棒轻轻上提,同时将烧杯直立,使附在玻璃棒和烧杯嘴之间的液滴回到烧杯中,再用洗瓶以少量纯水洗烧杯 3~4 次,洗出液全部转入容量瓶中(称为溶液的定量转移)。然后用纯水稀释至容量瓶容积 2/3 处时,旋摇容量瓶使溶液混合,但此时切勿倒转容量瓶。继续加水至标线以下约 1 cm,等待 1~2 min,使附在瓶颈内壁溶液流下后,最后用滴管或洗瓶从标线以上 1 cm 以内的一点沿壁缓缓加水直至弯月面下缘与标线相切。盖上干的瓶塞,左手捏住瓶颈标线以上部分,食指按住瓶塞,右手指尖托住瓶底边缘,将瓶倒转并摇动,再倒转过来,使气泡上升到顶;如此反复多次,使溶液充分混合均匀,如图 1-2-22 所示。

如果用容量瓶稀释溶液,则用移液管吸取一定体积的溶液移入容量瓶中,按上述方法加水稀释至标线,摇匀。

热溶液应冷至室温后,才能稀释至标线,否则会造成体积误差。需避光的溶液应以棕色容量瓶配制。不要用容量瓶长期存放溶液,应转移到试剂瓶中保存,试剂瓶要先用配好的溶液荡洗 2~3 次。容量瓶使用完毕应立即用水冲洗干净。如长期不用,磨口处应洗净擦干,并用纸片将磨口隔开。

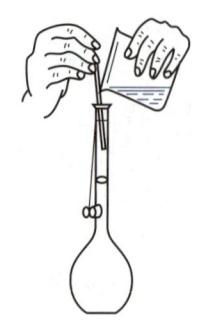

图 1-2-21　溶液定量转移　　　图 1-2-22　溶液混合均匀

三、移液管和吸量管

移液管是用于准确移取一定量体积溶液的量出式量器,正规名称是"单标线吸量管",又简称为吸管。它是一根细长而中间膨大的玻璃管,管颈上部有一环形标线,膨大部分标有它的容积和标定时的温度。在标明的温度下,吸取溶液至弯月面与管颈的标线相切,再让溶液按一定的方式自由流出,则流出溶液的体积就等于管上所标示的容积。常用的移液管有 5 mL、10 mL、20 mL、25 mL、50 mL 等各种规格,如图 1-2-23(a) 所示。

吸量管是用于移取所需不同体积的量器,全称是"分度吸量管",是带有分度线的玻璃管。分度线有的刻到管尖,有的只刻到离管尖 1~2 cm 处,有的零刻度在上,有的零刻度在下,使用时要注意分清。常用的吸量管有 1 mL、2 mL、5 mL、10 mL 等各种规格,如图 1-2-23(b)(c) 和 (d) 所示。

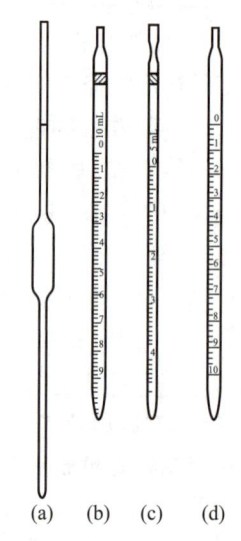

图 1-2-23　移液管和吸量管

(一) 移液管和吸量管的洗涤

移液管和吸量管一般采用洗耳球吸取铬酸洗液洗涤,也可放在高形玻璃筒和量筒内用洗液浸泡,取出沥尽洗液后,用自来水冲洗,再用纯水润洗干净,润洗的水应从管尖放出。

(二) 移液管和吸量管的使用

移取溶液前,用滤纸将尖端内外的水吸尽,否则会因水滴引入而改变溶液的浓度。然后用要移取的溶液将移液管润洗 2~3 次。润洗的方法是:用洗耳球吸取溶液至移液管的膨大部分(注意切勿让吸入的溶液有部分流回盛溶液的容器内),立即用右手食指按住管口,将管横过来,用两手的拇指和食指分别拿住移液管的两端,转动移液管并使溶液布满全管内壁,当溶液流至距上口 2~3 cm 时,将管直立,使溶液由管尖放出,弃去。

移取溶液时,一般用右手的拇指和中指拿住移液管颈标线的上方,无名指和小指辅助拿住移液管,将管尖插入液面以下 1~2 cm 处,若插入太深则会使管外黏附过多的溶液,影响量取溶液的准确性,若插入太浅则会产生吸空。左手拿洗耳球,先把球内空气压出,然后将球的尖端插入移液管口,慢慢松开左手手指使溶液吸入管内,如图 1-2-24(a)所示。移液管应随容器内液面的下降而下降。当管中液面上升到标线以上时,迅速移去洗耳球,立即用右手食指按住管口,将移液管提离液面,并将管的下部原伸入溶液的部分,贴容器内壁转两圈,尽量除去管尖外壁黏附的溶液。然后将容器倾斜成 45°左右,竖直移液管,管尖紧贴容器内壁,略微放松食指并用拇指和中指轻轻转动移液管,让溶液慢慢顺壁流出,使液面平稳下降,直到溶液的弯月面下缘与标线相切时,立刻用食指压紧管口,使溶液不再流出。将移液管移至承接溶液的容器中,使管尖紧贴容器的内壁,移液管应呈竖直状态,承接容器

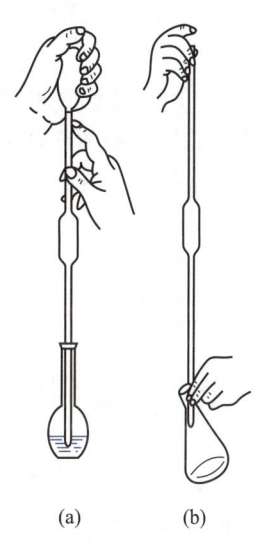

图 1-2-24 溶液的移取与承接

(如锥形瓶)约成 45°倾斜。松开食指使溶液自由地沿壁流下,如图 1-2-24(b)所示,待溶液全部放完后,再等 15 s,取出移液管。管上未标有"吹"字的,切勿把残留在管尖内的溶液吹入承接的容器中,因为校正移液管时,已经考虑了末端所保留溶液的体积。

用吸量管吸取溶液时,基本与上述操作相同,但其移取溶液的准确度不如移液管。管上标有"吹""快"等字样,在使用它的全量程时,应将管尖残留的液滴吹入承接容器中,这类吸量管的精度低些,但流速快,适用于仪器分析实验中加试剂,最好不要用于移取标准溶液。多次平行试验中,应尽量使用同一支吸量管的同一段,并尽量避免使用管尖收缩部分,以免带来误差。

移液管、吸量管和容量瓶都是有刻度的精确玻璃量器,不得放在烘箱中烘烤。

四、移液器

(一)移液器的构造原理

移液器是一种取液量连续可调的精密计量器具,是实验室做生化分析、仪器

分析及微量化学分析时进行定量取样和加液的必不可少的工具,具有使用稳定、操作简便、快速、精确度高、重复性好等特点。

移液器一般有 1 000~5 000 μL,100~1 000 μL,10~200 μL,1~20 μL,0.1~2 μL 等多种规格,其外形如图 1-2-25 所示。

(二) 移液器的使用方法

普通移液器的使用方法:将吸头套在移液器吸嘴上,以右手拇指轻按控制按钮使其达第一挡位,将吸头插入液面下 2~3 mm,放松拇指,被吸液体即进入吸头。取出将液体放于另一容器中,轻按控制按钮使其达第二挡位,停留数秒后即可。使用完毕卸掉吸头置于存放杯内。

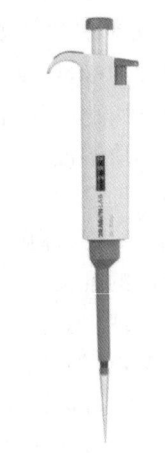

图 1-2-25　移液器

第四节　重量分析实验基本操作

重量分析的基本操作包括:沉淀的进行,沉淀的过滤和洗涤,沉淀的烘干、灼烧和称量等。为使沉淀完全纯净,应根据沉淀的类型选择适宜的操作条件,对于每步操作都要细心地进行,以得到准确的分析结果。

一、沉淀的进行

准备好内壁和底部光洁的烧杯,配以合适的玻璃棒及表面皿,称取一定量的试样置于烧杯中,根据试样的性质选择适宜的溶剂将其完全溶解后,加入沉淀剂进行沉淀。同时应根据沉淀的不同类型,选择不同的沉淀条件。对于晶形沉淀,用滴管将沉淀剂沿着烧杯壁或玻璃棒缓缓地加入烧杯中,滴管口应接近液面,以免溶液溅出,边滴加边搅拌,搅拌时尽量不要碰击烧杯内壁和底部,以免划损烧杯使沉淀黏附在划痕中。

在热溶液中进行沉淀时,应在水浴或低温电热板上进行,以免溶液沸腾而溅失。沉淀剂加完后应检查沉淀是否完全。检查的方法是:将溶液静置,待沉淀沉降后,于上层清液中加入一滴沉淀剂,观察液滴落处是否还有混浊出现。待沉淀完全后,盖上表面皿放置过夜或加热搅拌一定时间进行陈化。(注意:在整个实验过程中,玻璃棒、表面皿与烧杯要一一对应,不能互换或共用一根玻璃棒。)

对于无定形沉淀,应当在热的较浓的溶液中进行沉淀,较快地加入沉淀剂,搅拌方法同上。待沉淀完全后,迅速用热的蒸馏水冲洗,不必陈化。待沉淀沉降后,应立即趁热过滤和洗涤。

二、沉淀的过滤和洗涤

根据沉淀在灼烧中是否会被纸灰还原及称量形式的性质,选择用滤纸或玻璃滤器过滤。

(一)用滤纸过滤和洗涤

1. 滤纸的选择

定量滤纸一般为圆形,按其孔隙大小,分为快速、中速和慢速三种。定量滤纸灼烧后其每张灰分的质量小于 0.1 mg,在重量分析中可以忽略不计,故称为无灰滤纸。在过滤时应根据沉淀的性质合理地选用。例如,对于 $BaSO_4$ 等晶形沉淀,应选用孔隙小的慢速滤纸,而对 $Fe(OH)_3$ 等无定形沉淀则应选用孔隙大的快速滤纸。滤纸的大小应根据沉淀量的多少而定。沉淀的体积应低于滤纸容积的 1/3。此外还应和漏斗相适应,一般滤纸放入漏斗后,其边缘应低于漏斗口 0.5~1.0 cm。

2. 滤纸的折叠与安放

用干燥洁净的手将滤纸对折,再对折成直角,展开后成圆锥体,半边一层,另半边三层,放入洁净的漏斗中,标准的漏斗应具有 60°的圆锥角,若滤纸与漏斗不完全密合,可适当调整滤纸的折叠角度直到完全密合为止。为使滤纸与漏斗内壁贴合而无气泡,可将滤纸三层厚的外层折角撕掉一点并保存在洁净干燥的表面皿上,待以后擦烧杯用。滤纸的折叠与安放见图 1-2-26。

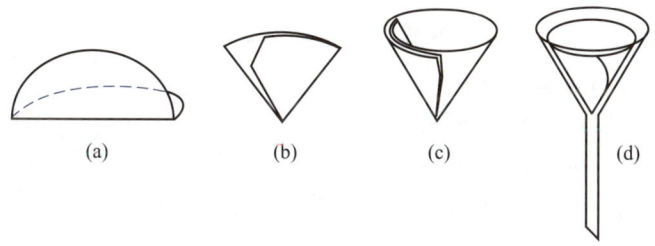

图 1-2-26　滤纸的折叠与安放

将折叠好的滤纸放入漏斗中,三层处应在漏斗颈出口短的一边,用手指按住三层厚的一边,用洗瓶吹出少量水将滤纸润湿,然后轻压滤纸赶去气泡,使滤纸的锥形上部与漏斗间没有空隙。加水至滤纸边缘,这时漏斗内应全部被水充满,形成水柱,当漏斗内水全部流尽后,颈内水柱仍能保留且无气泡。若不能形成完整的水柱,可用手指堵住漏斗出口,稍微掀起滤纸三层厚的一边,用洗瓶向滤纸和漏斗间的空隙内注水,直至漏斗颈及滤纸锥体的大部分被水充满。然后压紧滤纸边缘,排除气泡,最后缓缓松开堵住漏斗出口的手指,水柱即可形成。在过滤和洗涤过滤中,借助水柱的抽吸作用可使滤速明显加快。

将准备好的漏斗放在漏斗架上,下面放一洁净烧杯承接滤液,漏斗颈出口长的一边应紧靠杯壁,滤液沿壁流下以避免冲溅。漏斗位置的高低,以过滤时漏斗的出口不接触滤液为度。

3. 过滤和洗涤

过滤一般采用倾泻法,即待沉淀沉降后将上层清液沿玻璃棒倾入漏斗内。让沉淀尽可能留在烧杯内,然后再加洗涤液于烧杯中,搅起沉淀进行充分洗涤,再静置澄清,然后再倾出上层清液,这样既可加快过滤速度,不致使沉淀堵塞滤纸,又能使沉淀得到充分洗涤。操作时,左手拿盛沉淀的烧杯移至漏斗上方,右手将玻璃棒从烧杯中慢慢取出并在烧杯内壁靠一下,使悬在玻璃棒下端的液滴流入烧杯。然后将其垂直立于漏斗之上并紧靠杯嘴,玻璃棒下端对着三层滤纸一边,尽可能靠近但不可接触滤纸。慢慢将烧杯倾斜,使上层清液沿玻璃棒缓缓注入漏斗中。

倾入的溶液液面至滤纸边缘约 0.5 cm 处,应暂停倾注,以免沉淀因毛细作用越出滤纸边缘,造成损失。当停止倾注时,将烧杯嘴沿玻璃棒慢慢向上提起,使烧杯直立,再将玻璃棒放回烧杯中以免杯嘴处的液滴流失。注意玻璃棒勿靠在杯嘴处,以免烧杯嘴上的少量沉淀黏附在玻璃棒上。倾泻法过滤操作如图 1-2-27 所示。

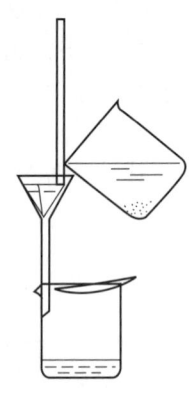

图 1-2-27 倾泻法过滤操作

当清液倾泻完毕,即可进行初步洗涤。用洗瓶或滴管加水或洗涤液,从上到下旋转吹洗烧杯内壁及玻璃棒,每次用量 15~20 mL。然后用玻璃棒搅起沉淀以充分洗涤,再将烧杯斜放在小木块上,使沉淀下沉并集中在烧杯一侧,以利沉淀和清液分离,便于清液的转移。澄清后再倾泻过滤,如此重复过滤,洗涤 3~4 次。

初步洗涤后,即可进行沉淀的定量转移。向盛有沉淀的烧杯中加入少量洗涤液,用玻璃棒将沉淀充分搅动,并立即将悬浮液转移到滤纸上,然后用洗瓶冲下杯壁和玻璃棒上的沉淀,再进行转移。如此反复多次,尽可能将沉淀全部转移到滤纸上,对于残留在烧杯内的最后少量沉淀,可按图 1-2-28 所示的方法将其完全转移到滤纸上。即用左手拿住烧杯,玻璃棒放在杯嘴上,以食指按住玻璃棒,烧杯嘴朝向漏斗倾斜,玻璃棒下端指向滤纸三层部分,右手持洗瓶吹出液流冲洗烧杯内壁,使杯内残留的沉淀随液流沿玻璃棒流入滤纸内,注意勿使溶液溅出。

仍黏附在烧杯内壁和玻璃棒上的沉淀,可用原撕下的滤纸角进行擦拭,擦拭过的滤纸角放在漏斗中的沉淀内。沉淀完全转移至滤纸上后,在滤纸上进行最后洗涤,用洗瓶吹出细小缓慢的液流,从滤纸上部沿漏斗壁螺旋式向下吹洗,如图 1-2-29 所示,使沉淀集中到滤纸锥体的底部直到沉淀洗净为止。

图 1-2-28　沉淀的转移

图 1-2-29　沉淀的洗涤

洗涤的目的是洗除沉淀表面所吸附的杂质和残留的母液,获得纯净的沉淀。为了提高洗涤效率,尽量减少沉淀的溶解损失,洗涤时应遵循"少量多次"的原则,即同体积的洗涤液应尽可能分多次洗涤,每次使用少量洗涤液(没过沉淀为度),待沉淀沥干后,再进行下一次洗涤。

洗涤数次后,用洁净的表面皿承接约 1 mL 滤液,选择灵敏、快速的定性反应来检验沉淀是否洗净。

(二) 用玻璃滤器过滤和洗涤

对于烘干即可称量或热稳定性差的沉淀可用玻璃滤器过滤。分析化学实验中常用的两种玻璃滤器如图 1-2-30(a)(b)所示。

玻璃滤器在使用前要经酸洗(浸泡)、抽滤、水洗、再抽滤、晾干或烘干。为防止残留物堵塞微孔,使用后的滤器应及时清洗。清洗的原则是,选用既能溶解或分解残留物又不至于腐蚀滤板的洗涤液进行浸泡,然后抽滤、水洗、再抽滤,最后在烘箱中缓慢升温至所需温度烘至恒重,并待烘箱稍降温后再取出,以防裂损。

玻璃滤器不宜过滤较浓的碱性溶液、热浓磷酸及氢氟酸溶液,也不宜过滤残渣堵孔又无法洗掉的溶液。

在玻璃滤器中进行沉淀的过滤、洗涤和转移的操作及注意事项与用滤纸过滤基本相同。其不同点是用玻璃滤器必须在减压下过滤,所以要准备装有安全瓶的抽滤装置,如图 1-2-30(c)所示。

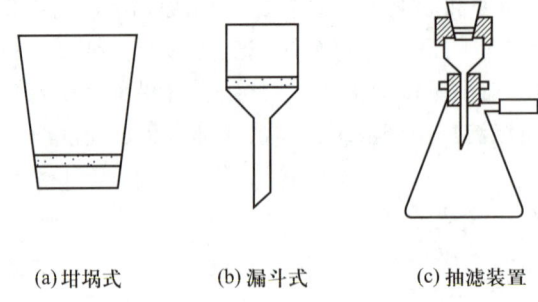

(a) 坩埚式　　　(b) 漏斗式　　　(c) 抽滤装置

图 1-2-30　玻璃滤器和抽滤装置

过滤时应先减压后倾入溶液,并一直在抽滤状态下进行。但应控制压力勿使过滤速度太快,否则会降低洗涤效率。黏附于烧杯壁上的些微沉淀,只能用淀帚扫起,然后用水冲洗淀帚并将烧杯的沉淀冲洗至滤器中。停止过滤时应先从安全瓶放气,常压后再取下滤器,关闭水泵。

三、沉淀的烘干、灼烧和称量

(一) 坩埚的准备和干燥器的使用

将坩埚洗净、烘干,再用钴盐或铁盐液在坩埚及盖上写明编号,以资识别。然后于高温炉中,在灼烧沉淀时的温度条件下预先将空坩埚灼至恒重,灼烧时间 15~30 min。将灼烧后的坩埚自然冷却将其夹入干燥器中,如图 1-2-31 所示。暂不要立即盖紧干燥器盖,留约 2 mm 缝隙,等热空气逸出后再盖严。移至天平室冷却 30~40 min 至室温后即可称量。然后再灼烧 15~20 min,冷却,称量,直到连续两次称得质量之差不超过 0.2 mg,即可认为坩埚已灼烧至恒重。

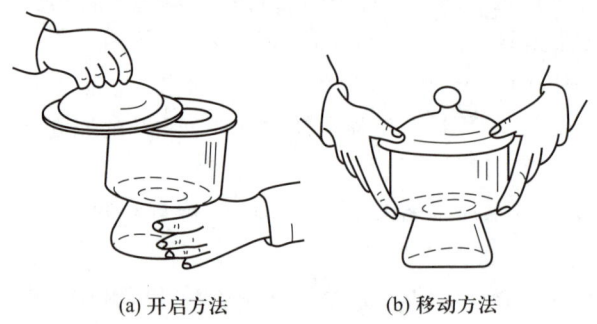

(a) 开启方法　　　　(b) 移动方法

图 1-2-31　干燥器的开启和移动

(二) 沉淀的包裹

对于晶状沉淀,用洁净的药铲或顶端扁圆的玻璃棒,将滤纸三层部分掀起两处,再用洁净的手指从翘起的滤纸下面将其取出,打开成半圆形,自右端1/3半径处向左折叠一次,再自上而下折一次,然后从右向左卷成小卷,如图1-2-32所示。最后将其放入已恒重的坩埚内,包裹层数较多的一面朝上,以便于炭化和灰化。若包裹胶状沉淀,可在漏斗中用玻璃棒将滤纸周边挑起并向内折,把锥体的敞口封住,如图1-2-33所示,然后取出倒过来尖端朝上放入坩埚中。

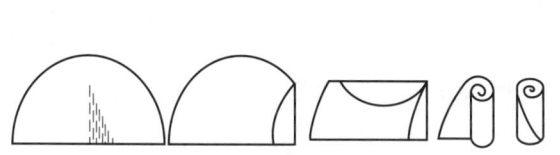

图 1-2-32　晶形沉淀的包裹

图 1-2-33　胶状沉淀的包裹

(三) 烘干、灼烧和称量

将装有沉淀的坩埚置于低温电炉上加热,把坩埚盖半掩着倚于坩埚口,将滤纸和沉淀烘干至滤纸全部炭化(滤纸变黑),注意只能冒烟,不能冒火,以免沉淀颗粒随火飞散而损失。炭化后可逐渐提高温度,使滤纸灰化。待滤纸全部呈白色后,移至高温炉中灼烧至恒重,然后进行称量。

沉淀在坩埚内灼烧的条件及恒重要求,与空坩埚时相同。

第三章　定量分析实验

实验1　分析天平称量练习

一、实验目的

1. 了解电子分析天平的构造原理、使用方法和注意事项。
2. 学习并掌握万分之一电子分析天平的称量操作方法。
3. 学习常用的称量方法，重点是熟练掌握定量分析中常用的减量法。
4. 培养学生正确运用有效数字，准确、简明记录原始实验数据的习惯，要求不得涂改，不得将数据记录在记录本以外的地方。

二、实验原理

有关电子分析天平的结构原理、使用方法和注意事项及分析试样的称量方法等内容详见第二章中第二节。由于电子分析天平的自重较轻，使用中易因碰撞而发生移动，进而可能造成水平改变，影响称量的准确性，因此，操作过程中，动作要轻、慢、稳，切不可用力过猛、过快，以免损坏天平。

三、仪器与试剂

1. 仪器

电子分析天平(0.1 mg)，100 mL 小烧杯，称量瓶。

2. 试剂

无水 $Na_2SO_4(s)$。

四、实验步骤

1. 熟悉电子分析天平的称量程序

电子分析天平的使用程序一般为：调节水平、通电预热、开机、校正、称量和关机，学生则着重练习称量步骤，只使用开/关键(on/off)和除皮/调零键(zero、O/T 或 TARE)，其他步骤均由实验室工作人员负责完成。

（1）检查天平后方的气泡水准器，如天平不处在水平位置，可在教师指导下，学习如何调节。

（2）观察天平秤盘是否清洁，如有散落的试剂，则用专用的小毛刷轻扫出去，注意此时应使天平处于关闭状态。

（3）按开/关键开启天平，显示屏上很快出现 0.000 0 g，如不是上述数字，按除皮/调零键，调节零点。

（4）将被称量物放在天平秤盘中央，关好两边侧门。这时可见显示屏上的数字在不断地变化，待数字稳定并出现质量单位"g"后，即可读数并记录称量结果。

（5）称量完毕后，取出被称量物。如不久还要继续使用天平，可暂时不关机，天平将自动保持零位；或者按开/关键（但不可拔下电源插头），让天平处于待机状态，再进行称样时按下开/关键即可使用。

（6）全部称量工作结束后，移出被称量物，按开/关键，关闭天平。清扫天平秤盘，关好侧门，重新开启天平，观察并调节天平零点，再关闭天平。

（7）按指定内容填写天平使用记录。

（8）罩上天平防尘罩（一般由实验室工作人员完成）。

（9）切断电源，带走个人的一切物品，离开实验室。

2. 称量练习

（1）直接称量法。

调节天平零点后，取一洁净干燥的称量瓶置于秤盘中央（拿取时使用纸带，按规定操作），待显示值稳定后，直接读取其质量 m。再分别称取同一称量瓶的瓶盖质量 m_1 和瓶身质量 m_2，比较 m_1+m_2 与 m 的符合程度，做好记录。

（2）减量法。

取一洁净干燥的称量瓶，装入占瓶容积 1/3～1/2 的 Na_2SO_4 试样，注意勿将试样粘在瓶口和瓶外壁上。按第二章第二节中所述减量法称量，准确称取下述范围试样各 3 份于小烧杯中。

$$0.40\sim0.50 \text{ g}; \quad 0.20\sim0.25 \text{ g}; \quad 0.10\sim0.13 \text{ g}$$

在逐步熟练的基础上，希望能做到连续进行称量，并准确记录称量结果。

采用电子分析天平进行减量法称量时，操作如下：

① 将盛有试样的称量瓶置于天平秤盘中央，按除皮/调零键，此时显示屏上显示值为 0.000 0 g。

② 按正确操作取出称量瓶，在小烧杯的上方缓缓敲出所需质量的试样于容器内。待取样完毕后，盖上瓶盖，再将称量瓶放回天平秤盘上，不考虑负号，此时的显示值即为取出试样的质量，如该质量小于称量范围，可以继续敲出部分试

样,直至它的质量在所要求的范围内为止。如取出的试样过多,超出了称量范围的上限,则不记读数,按除皮/调零键,待显示为 0.000 0 g 后,重新进行称量。重复上述操作,在每得到一个称量值后,都按除皮/调零键,再进行下一次的称量,这样就可以连续简便地得到一系列的称量值,充分发挥电子分析天平的称量优势。

由于本次实验是称量练习,所有敲出的试样,不论是否符合称量范围,都置于同一烧杯内,最后归还于试剂瓶中回收。

在以后的实验中,一个锥形瓶中只能收集一份试样(事先编号)。而且经过反复多次的练习后,希望学生能做到只 1~2 次就能敲出所需质量的试样。因为敲出试样的次数过多,易因试剂吸潮而引起称量误差。如敲出试剂的质量大于称量范围,则只能弃去,洗净锥形瓶后,重新进行称量。

五、数据记录

准确记录称量练习的实验数据。应注意的是,在完成同一个实验内容的过程中,应该使用同一台分析天平进行称量,避免引起误差。

称量练习的数据记录

称量范围/g	1	2	3
0.40~0.50			
0.20~0.25			
0.10~0.13			

六、注释

学生实验时,可以在天平旁边放一张洁净的白纸,称量瓶就放在纸上,不要直接放在台面上,这样就可以避免一些引起称量不准确的因素。

七、思考题

1. 说明减量法称量的适用范围。
2. 在什么情况下,必须使用称量瓶来称取试样?
3. 使用称量瓶时,应该如何操作才能使试样不致损失?
4. 称量时,为什么强调被称量物应该放在天平秤盘中央?
5. 记录称量数据时,应准确至小数点后哪一位?为什么?

实验 2　滴定分析基本操作练习

一、实验目的

1. 学习并掌握酸式、碱式滴定管的洗涤、准备和使用方法,为进行后续的滴定分析实验打好基础。
2. 掌握常用酸碱指示剂酚酞和甲基橙在化学计量点附近的变色情况,正确判断滴定终点,正确观察和记录消耗滴定剂的体积。

二、实验原理

在用 HCl 溶液与 NaOH 溶液进行相互滴定的过程中,若采用同一种指示剂指示终点,不断改变被滴定溶液的体积,则滴定剂的用量亦随之变化,但它们相互反应的体积之比应基本不变。因此在不知道 HCl 溶液和 NaOH 溶液准确浓度的情况下,通过计算体积比 V_{HCl}/V_{NaOH} 的精密度,可以检查实验者对滴定分析操作和判断终点的掌握情况。

三、仪器[①]与试剂

1. 仪器

25 mL 酸式、碱式滴定管,500 mL、250 mL 容量瓶,20 mL 移液管,500 mL 试剂瓶(其中一个具橡胶塞或塑料塞),250 mL 锥形瓶,500 mL、250 mL 和 100 mL 烧杯,10 mL 量筒,洗瓶,玻璃棒,滴管,表面皿和洗耳球等。

2. 试剂

NaOH(s,AR),浓盐酸(密度 1.19 g·mL^{-1},AR),0.1%甲基橙(MO)水溶液,0.2%酚酞(PP)乙醇溶液。

除指示剂外,定量分析中所用试剂一般为分析纯,水为一次蒸馏水或离子交换水(后同)。

四、实验步骤

1. 配制 500 mL 0.10 mol·L^{-1} NaOH 溶液

在台秤上迅速称取(用什么器皿?)2.0~2.2 g NaOH 固体于烧杯中,加入约 50 mL

[①] 滴定分析法各实验中所用的容量器皿基本相同,在此将主要器皿一并列出。通常在实验课的开始就发放器皿和清单,让学生对照清单进行清点。在以后的实验中一般就不再列出了。台秤公用。

水搅拌使其完全溶解后,转入带橡胶塞的玻璃试剂瓶中,再加水 450 mL 左右,盖紧塞子,摇匀,贴上标签。此处可用 500 mL 容量瓶或烧杯作为量器代替量筒使用。

2. 配制 500 mL 0.10 mol·L^{-1} HCl 溶液

用 10 mL 量筒量取 4.2~4.5 mL(如何得来?)浓盐酸倒入试剂瓶中(预先装入一定体积的水),用水洗量筒 2~3 次,洗涤液均转入试剂瓶内,最后加水稀释至 500 mL 左右。盖上玻璃塞,摇匀,贴标签。浓盐酸挥发性很强,以上操作宜在通风橱中进行。

3. 滴定管的检漏、洗涤和装液

滴定管检漏合格并洗涤(包括用蒸馏水洗)完毕后,再用待装入的 HCl 溶液或 NaOH 溶液分别润洗内壁及管尖各 3 次(每次 8~10 mL),装入相应的滴定剂,排尽管下端的气泡,将管内液面调至零刻度线或稍下处。再将其他所需容器一并清洗干净。

4. 碱式滴定管的操作练习和终点判断(指示剂酚酞)

从已调好零刻度的酸式滴定管中放出约 10 mL HCl 溶液于锥形瓶中,用 20 mL 左右水稀释,加入 2 滴酚酞指示剂,摇匀。由碱式滴定管中逐滴滴出 NaOH 溶液于锥形瓶中,特别注意练习加一滴和半滴溶液的操作,观察酚酞指示剂在终点附近变色的情况,滴定至溶液呈微红色(浅粉红色)且半分钟内不褪色为终点。再用酸式滴定管加入少许 HCl 溶液于上述锥形瓶中,使溶液的红色褪尽,继续用 NaOH 溶液滴定至终点。如此反复练习至能较自如地控制滴定速度并能准确判断终点为止,并进行读数练习(准确读至 0.01 mL)。注意此时滴定管下端的橡胶管或管尖中不得有气泡,并按规定等待一定的时间后再读数。

在此基础上,采用溶液累计体积测量值法测定两种溶液用量的体积比 V_{HCl}/V_{NaOH}。采用两种溶液累计体积的测量值,仅消耗不超过 25 mL 的滴定剂,就可以完成数次测定并得到一系列计算数据,步骤如下。

从酸式滴定管中放出约 20 mL(准确读数,每放出一次溶液或滴定后都要准确记下读数,下同)HCl 溶液于锥形瓶中,加入 2 滴酚酞指示剂,用 NaOH 溶液滴定至终点,读取并准确记录 HCl 和 NaOH 溶液的体积,平行测定三次。计算 V_{HCl}/V_{NaOH},要求相对平均偏差不大于 0.3%。由 3 组数据计算酸碱溶液用量的体积比 V_{HCl}/V_{NaOH}。

5. 酸式滴定管的操作练习和终点判断(指示剂甲基橙)

从已经调好零刻度的碱式滴定管中放出约 10 mL NaOH 溶液于锥形瓶中,加约 20 mL 水稀释并加入甲基橙 1~2 滴(练习过程中,随着被滴定溶液体积的增大,可酌情补加指示剂),摇匀后,用酸式滴定管中的 HCl 溶液进行滴定练习,特别注意练习加一滴和半滴溶液的操作,观察甲基橙指示剂在终点附近的变色情况,滴定至溶液由黄色恰好变为橙色时为终点。然后再由碱式滴定管放入 1~2 mL NaOH 溶液使溶液由橙色变为黄色,再用 HCl 溶液滴定,反复练习酸式滴定管的使用方法和熟练滴定操作,并学会准确判断终点和进行读数练习。

在此基础上,测定两种溶液用量的体积比 V_{HCl}/V_{NaOH} 3 次。同样采用上述溶液累计体积测量值法进行测定,比较简便且可节约试剂用量。

五、数据记录与处理

准确记录实验数据,进行有关计算,并列表表示之,包括实验项目、实验次数和各原始数据。项目有:V_{HCl}(始读数)、V_{HCl}(末读数)和 V_{HCl},V_{NaOH}(始读数)、V_{NaOH}(末读数)和 V_{NaOH},V_{HCl}/V_{NaOH} 和体积比的平均值(以上均为 4 位有效数字),各次测定值的绝对偏差 d_i,相对平均偏差 $\bar{d}_r(\bar{d}/x) \times 100\%$ (保留 1~2 位有效数字)。

要求测定值的相对平均偏差 $\bar{d}_r(RAD)$ 不大于 0.3%,否则应重新进行滴定。若配制得当,V_{HCl}/V_{NaOH} 应为 0.8~1.2,据此可判断两者浓度的相对大小。

学生可根据自己实验结果的精密度初步评估自己是否达到本实验的教学目标,找出自己的薄弱环节或失误之处,总结教训,以便加以改进。

NaOH 溶液滴定 HCl 溶液

序号	1	2	3
V_{HCl}(末读数)/mL			
V_{HCl}(始读数)/mL			
V_{HCl}/mL			
V_{NaOH}(末读数)/mL			
V_{NaOH}(始读数)/mL			
V_{NaOH}/mL			
V_{HCl}/V_{NaOH}			
$\overline{V_{HCl}/V_{NaOH}}$(平均值)			
$\lvert d_i \rvert$			
相对平均偏差 $\bar{d}_r$/%			

六、思考题

1. 在上述实验条件下,HCl(NaOH)溶液滴定 NaOH(HCl)溶液时,你认为选择哪种指示剂,有利于滴定终点的观察。

2. 在 HCl 溶液与 NaOH 溶液的相互滴定中,分别以酚酞或甲基橙为指示剂,所得 V_{HCl}/V_{NaOH} 的结果是否完全一致?讨论原因及由此可以得出的结论。

3. 滴定管和移液管在使用前为什么要用待装入的溶液充分润洗内壁?所用的锥形瓶是否也应这样处理或烘干后再使用?

4. 配制 NaOH 溶液和 HCl 溶液时,试剂只用台秤称取或用量筒量取,这样做是否不够准确?加水时需要很准确吗?此时应该用几位有效数字来表示已配得溶液的浓度?

5. 用 NaOH 溶液滴定酸性溶液,用酚酞作指示剂时,为什么要强调滴定至溶液呈微红色且 30 s 不褪去即为终点?使溶液的红色褪去的原因是什么?

实验3　硫酸铵中含氮量的测定(甲醛法)

一、实验目的

1. 学习 NaOH 标准溶液的配制和标定方法,熟练掌握碱式滴定管的正确操作。

2. 学习用甲醛法测定某些铵态氮肥中含氮量的原理和方法,了解酸碱滴定法的应用。

二、实验原理

NaOH 固体腐蚀性强,易潮解和吸收空气中的 CO_2,导致不纯,其标准溶液是采用间接配制法配制的,因此必须用基准物质标定其准确浓度。常用的基准物质有邻苯二甲酸氢钾($KHC_8H_4O_4$,简写 KHP)和草酸($H_2C_2O_4 \cdot 2H_2O$)等。邻苯二甲酸氢钾易制得纯品,在空气中不吸水,容易保存,摩尔质量较大,因而应用更为广泛,标定反应如下:

$$\text{邻苯二甲酸氢钾(COOK/COOH)} + NaOH \rightarrow \text{邻苯二甲酸钾钠(COOK/COONa)} + H_2O$$

反应产物为二元弱碱,化学计量点时溶液呈弱碱性($pH \approx 9$),可选用酚酞作指示剂。

由于铵盐中 NH_4^+ 的酸性太弱（$K_a = 5.6×10^{-10}$），因而不能用 NaOH 标准溶液直接准确滴定，可采用甲醛法使弱酸强化，反应按下式定量进行：

$$4NH_4^+ + 6HCHO = (CH_2)_6N_4H^+ + 3H^+ + 6H_2O$$

生成的酸（混合酸，其中质子化六亚甲基四胺的 $K_a = 7.1×10^{-6}$）可用 NaOH 标准溶液进行滴定。由于滴定产物中 $(CH_2)_6N_4$ 是弱碱，因此可采用酚酞指示终点；同时上述反应具有可逆性，也只有滴定至微碱性时才能保证反应进行完全。甲醛法操作简便快速，在生产实践中应用较广，但其准确度较蒸馏法差，适用于强酸铵盐中含氮量的测定。

三、试剂

邻苯二甲酸氢钾（GR，105～110 ℃ 干燥至恒重，干燥器中保存），NaOH（s，AR），40% 甲醛（AR），硫酸铵试样，0.2% 酚酞乙醇溶液，0.1% 甲基红钠盐溶液。

四、实验步骤

1. 配制 500 mL 0.10 mol·L^{-1} NaOH 溶液

按实验 2 中所述方法配制。

2. NaOH 溶液的标定

用减量法于电子分析天平上准确称取 0.40～0.45 g（一般按消耗滴定剂 20～22 mL 计算出称量范围，下同）基准物质邻苯二甲酸氢钾于锥形瓶中，用水冲下沾在瓶内壁的试样（溶样时每次都要注意此步操作，下同），再加水 20～30 mL，微热使其完全溶解。待溶液冷却后，加入 1～2 滴酚酞指示剂，摇匀，用待标定的 NaOH 溶液滴定至试液显微红色，30 s 不褪去为终点。记录 V_{NaOH}，平行标定 3 份。

3. 甲醛的中和

甲醛因被氧化而其中常含有少量甲酸，应事先除去。取原装甲醛（40%）的上层清液于烧杯中，加 2 滴酚酞指示剂，用 0.10 mol·L^{-1} NaOH 溶液中和至甲醛溶液呈微红色。如需多瓶甲醛，中和后应将它们全部混匀，以免造成实验误差。

甲醛中含有少量多聚甲醛，但不影响测定。

4. 试样的测定

在电子分析天平上准确称取 0.13～0.15 g（可根据 NaOH 溶液的准确浓度进行估算）硫酸铵试样于锥形瓶中，用 20～30 mL 水溶解后，加入 5 mL 已中和的甲醛溶液和 2 滴酚酞指示剂，摇匀。静置 1 min 待反应完全后，用已标定的 NaOH

标准溶液滴定试液至微红色,30 s 不褪去为终点(颜色与标定同),记录所消耗 NaOH 溶液的体积,平行测定 3 次。

为了减小称量误差,可准确称取硫酸铵试样 1.6~1.8 g 于 100 mL 小烧杯内,加入约 40 mL 水溶解后,定量转入 250 mL 容量瓶中,加水稀释、定容并摇匀。用移液管移取 20.00 mL 试液于 250 mL 锥形瓶中,以下操作同上。

若试样中含有游离酸,则应事先中和。于试液中加入 1~2 滴甲基红指示剂,用 NaOH 标准溶液滴定至试液由红色变为黄色为终点(不记读数,为什么?)。然后再加入甲醛溶液,试液又将呈红色(为什么?)。以下操作同前,但终点为甲基红的黄色与酚酞所呈粉红色的混合色。

五、数据记录与处理

记录实验数据,分别计算出 NaOH 溶液的准确浓度和硫酸铵中氮的质量分数(计算公式见下式)、平均值和相对平均偏差。对标定和测定结果要求的精密度,其相对平均偏差 $\bar{d}_r \leq 0.2\%$。

$$w_N = \frac{(c \cdot V)_{NaOH} \times 10^{-3} \times M_N}{m_s}$$

NaOH 溶液的标定

序号	1	2	3
m_{KHP}/g			
V_{NaOH}(末读数)/mL			
V_{NaOH}(始读数)/mL			
V_{NaOH}/mL			
$c_{NaOH}/(mol \cdot L^{-1})$ $\left[\left(\frac{m}{M}\right)_{KHP} \Big/ V_{NaOH}\right]/(mol \cdot L^{-1})$			
$\bar{c}_{NaOH}/(mol \cdot L^{-1})$			
$\lvert d_i \rvert$			
相对平均偏差/%			

六、注释

在较精确的测定中,需要配制不含 CO_3^{2-} 的 NaOH 溶液,可以采用下述 3 种方法之一:

1. 称取 120 g NaOH,加 100 mL 水,振摇使其溶解成饱和溶液(20 ℃时浓度约为 19 mol·L^{-1}),冷却后置于聚乙烯塑料瓶中。由于 Na_2CO_3 几乎不溶于其中,待溶液澄清后,吸取上层清液 2.8 mL,用新煮沸(沸腾 10 min 以除去 CO_2)并刚冷却的水稀释至 500 mL,摇匀。

2. 在实验 2 已配好的 NaOH 溶液中加入 1~2 mL 20% $BaCl_2$ 溶液,盖紧瓶塞摇匀,静置过夜,待 CO_3^{2-} 以 $BaCO_3$ 形式沉淀后,吸取上层清液使用。

由上述两法中得到的 NaOH 溶液都要密封在一定的装置中,安装碱石灰管和虹吸管,避免再度吸入 CO_2。进行稀释时操作要迅速,随即盖紧瓶塞摇匀,短期内使用。

3. 在台秤上称取较理论计算值多的 NaOH 固体,用不含 CO_2 的水(同方法 1 中)迅速冲洗外表面 2~3 次以除去固体表面少量的 Na_2CO_3,然后溶解剩下的固体并稀释至一定体积。由于不易控制,因而所得溶液的浓度差异较大。

七、思考题

1. 能否用甲醛法测定其他铵盐如 NH_4Cl、NH_4NO_3 和 NH_4HCO_3 中氮的含量?为什么?对不能用甲醛法测定的可以采用其他什么方法?

2. 在标定或测定中,计算称样量的范围时,需要考虑哪些因素?称样量太多或太少有何影响?本实验中硫酸铵的称量范围是如何得来的?就单份称量和称一份大样后分取这两种情况进行讨论。

3. 在本实验中采用单份称取硫酸铵试样,每份为 0.13~0.15 g,其称量误差将为多少?为了使称量的相对误差不大于 0.1%,应该如何进行操作?

4. 用 NaOH 溶液中和甲醛溶液中的甲酸时,为什么使用酚酞作指示剂?而在中和铵盐试样中的游离酸时,为什么以甲基红为指示剂?

5. 本实验中加入甲醛的体积是否要准确(用量筒还是用移液管)?如甲醛中的甲酸未中和完全,或是中和时 NaOH 过量,对测定结果各有什么影响?

实验 4 有机酸摩尔质量的测定

一、实验目的

1. 进一步熟悉碱式滴定管的操作方法。
2. 学习移液管和容量瓶的使用方法;学习溶液的定量转移操作方法。
3. 学习用酸碱滴定法测定有机酸摩尔质量的方法。

二、实验原理

常见的有机酸如草酸、酒石酸和柠檬酸等是固体弱酸,其特点是能溶解于水,当它们的浓度不是太小时,各级解离常数的大小均符合直接准确滴定的要求,即 $c_iK_{a_i} \geq 10^{-8}$,因此可以采用酸碱滴定法准确滴定之。这种方法不仅可用于测定它们的纯度,还可以根据相关的滴定反应计算有关酸(碱)物质($w \geq 0.999$)的摩尔质量。上述有机酸的各级解离常数虽然都不算很小,但对于同一物质,其相邻的 K_{a_i} 比值均远小于 10^5,因此在这种情况下,滴定的是酸的总量。

由于用 NaOH 标准溶液滴定有机酸的产物是多元弱碱,故常选用酚酞为指示剂,滴定至试液呈微红色且 30 s 不褪去为终点。本实验采用草酸为试样,要求准确测定其摩尔质量并与理论值进行比较。

三、试剂

0.1 mol·L^{-1} NaOH 标准溶液(用基准物质 KHP 标定,配制与标定见实验 2 和实验 3),有机酸试样(本实验中采用 $H_2C_2O_4 \cdot 2H_2O$,优级纯),0.2%酚酞乙醇溶液。

四、实验步骤

准确称取 0.6~0.7 g 有机酸($H_2C_2O_4 \cdot 2H_2O$)一份于 100 mL 小烧杯中(计算称样量时,其中 NaOH 标准溶液的浓度可用实验 3 的标定值代入),加入约 30 mL 水,充分搅拌待试样全部溶解后,将试液转移至 100 mL 容量瓶中。由洗瓶中吹出少量水冲洗小烧杯 3 次,洗涤液也全部转入容量瓶。(全过程中试液不得有任何损失,此过程称溶液的定量转移。)待瓶内溶液达 2/3 容积时平摇几下,继续加水稀释至刻度并摇匀。用待移取的试液润洗移液管 3 次后,准确移取 20.00 mL 草酸试液于 250 mL 锥形瓶中,加入 2 滴酚酞指示剂,摇匀,再用 NaOH 标准溶液滴定至试液呈微红色,30 s 不褪去为终点,记录所消耗 NaOH 标准溶液的体积,平行测定 3 次。

如欲单份进行称量,可以在 0.12~0.14 g 的范围内准确称取 3 份草酸试样,分别置于 3 个锥形瓶中,加入约 30 mL 水溶解后再逐份进行滴定。

五、数据处理

1. 写出计算有机酸试样摩尔质量的有关公式。
2. 计算 $H_2C_2O_4 \cdot 2H_2O$ 的摩尔质量,平均值和相对平均偏差,要求 $\bar{d_r} \leq 0.2\%$。
3. 将试样摩尔质量的平均值与理论值相比较,计算测定的相对误差。
4. 将所有数据分别按标定和测定的部分列表表示出来。

六、思考题

1. 本实验方法还可用于哪些有机酸摩尔质量的测定？举出几例。
2. 酸碱滴定法中选择指示剂的原则是什么？
3. 自拟测定有机碱摩尔质量的方法。
4. 如试样 $H_2C_2O_4 \cdot 2H_2O$ 中失去了一部分水，则对测定结果将会造成正误差还是负误差？试分析之。
5. 滴定分析法中，哪些因素共同决定称样量的大小？称取试样过少或过多各有什么不利影响？以本实验为例，说明 $H_2C_2O_4 \cdot 2H_2O$ 试样的称量范围是如何计算出来的。单份称量，或者称一份大试样溶解定容后再分取，哪一种情况的称量误差较小？为什么？

实验 5 双指示剂法测定混合碱的组成与含量

一、实验目的

1. 学习配制和标定 HCl 标准溶液的原理和方法。
2. 进一步熟悉酸式滴定管和移液管的操作。
3. 学习移液管和容量瓶的使用方法；学习溶液的定量转移操作方法。
4. 学习用双指示剂法判断混合碱的组成，测定其中各组分的含量和总碱量的原理和方法。
5. 学习混合酸碱指示剂的应用。

二、实验原理

HCl 标准溶液是采用间接配制法配制的，因此必须用基准物质标定其准确浓度，常采用无水碳酸钠（Na_2CO_3）基准物质标定盐酸，其标定反应为

$$Na_2CO_3 + 2HCl =\!=\!= 2NaCl + H_2O + CO_2\uparrow$$

化学计量点时为 H_2CO_3 饱和溶液，pH 为 3.9，采用甲基橙指示剂，终点时试液由黄色变为橙色。值得注意的是，临近终点时，应剧烈摇动锥形瓶中的试液，使 H_2CO_3 的过饱和部分不断分解逸出，从而避免因试液酸度过高，致使终点提前造成误差。也可以在临近终点时加热试液至沸，并摇动逐出过量的 CO_2，待冷却后再滴定，可提高准确度。

工业混合碱一般有两种形式，即为 NaOH 与 Na_2CO_3 或者 Na_2CO_3 和

$NaHCO_3$ 的混合物。采用 HCl 标准溶液作为滴定剂,先后使用酚酞和甲基橙两种指示剂,在同一份试液中连续滴定,根据消耗的滴定剂的体积,可以判断混合碱的组成,并测定出各组分的含量,因此将这种测定方法命名为"双指示剂法"。由于该法简便快速,所以在生产中应用普遍。

工业混合碱试样一般不是十分均匀的。为了保证分析试样的代表性,为测定结果的准确性提供前提,应先将试样充分混匀后,适当多称取一些试样配成溶液,再从中分取适当体积的溶液用于测定。

在混合碱试液中先加入酚酞指示剂,用 HCl 标准溶液进行滴定,至试液由紫红色渐变为微红色(浅粉红色)为第一终点。此时,混合碱中的 NaOH 应已完全反应,而 Na_2CO_3 只被滴定至 $NaHCO_3$ 为止(化学计量点 pH=8.32),消耗 HCl 标准溶液的体积为 V_1,有关滴定反应为

$$NaOH+HCl =\!=\!= NaCl+H_2O$$

$$Na_2CO_3+HCl =\!=\!= NaCl+NaHCO_3$$

接着在同一份试液中加入第二种指示剂甲基橙,继续用 HCl 标准溶液滴定,至试液由黄色突变为橙色时为第二终点。此时,$NaHCO_3$ 也应与 HCl 反应完毕,化学计量点 pH=3.89,消耗 HCl 标准溶液的体积为 V_2,反应如下:

$$NaHCO_3+HCl =\!=\!= NaCl+H_2O+CO_2\uparrow$$

由 V_1 与 V_2 的相对大小可以判断混合碱的组成。若 $V_1>V_2$,则试样为 NaOH 和 Na_2CO_3 的混合物;当 $V_1<V_2$ 时,试样则应由 Na_2CO_3 和 $NaHCO_3$ 混合组成。不难确定在两种混合碱中各组分消耗 HCl 标准溶液的体积,据此可求出它们的含量。

如仅需测定工业混合碱的总碱量,不用确定具体成分,则只要加入甲基橙一种指示剂,用 HCl 标准溶液滴定至终点时,消耗的总体积应为 V_1+V_2,并将混合碱折算成 Na_2O 的含量来计算其总碱量。

由于二元弱碱 Na_2CO_3 的两级解离常数 K_{b_1} 和 K_{b_2} 之间相差仅接近 10^4,因此分步滴定的准确度不是很高;加之在第一终点附近,两性物质 $NaHCO_3$ 的缓冲作用,使酚酞此时颜色的变化(红→微红)是逐渐的,没有突变,实验中较难对滴定终点作出准确判断。为了改进上述情况,常采用甲酚红-百里酚蓝混合指示剂代替酚酞指示剂来确定第一个滴定终点。混合指示剂的变色点 pH 为 8.3,它在 pH=8.2 时呈玫瑰色;在 pH=8.4 时显清晰的紫色。用 HCl 标准溶液滴定时,试液由紫色突变为红色,终点的变色敏锐。

三、试剂

0.10 mol·L^{-1} HCl 溶液(配制方法见实验 2),基准试剂无水 Na$_2$CO$_3$(270~300 ℃干燥 1 h,干燥器中保存),0.2%酚酞乙醇溶液,0.1%甲基橙水溶液,混合指示剂(0.1 g 甲酚红指示剂溶于 100 mL 50%乙醇中;0.1 g 百里酚蓝指示剂溶于 100 mL 20%乙醇中。按体积比 1∶6,取 1 份 0.1%甲酚红溶液与 6 份 0.1%百里酚蓝溶液混合均匀而成)。

四、实验步骤

1. HCl 标准溶液的配制与标定

按实验 2 中所述方法配制浓度为 0.10 mol·L^{-1} HCl 标准溶液 500 mL。准确称取 0.10~0.12 g 基准试剂无水 Na$_2$CO$_3$ 于 250 mL 锥形瓶中,用大约 30 mL 水将其完全溶解后,加入 2 滴甲基橙指示剂,用待标定的 HCl 标准溶液滴定至试液由黄色变为橙色为终点(注意充分振摇),记录 V_{HCl},平行标定 3 份。

为了减小称量误差,可准确称取基准试剂无水 Na$_2$CO$_3$ 1.3~1.5 g 于 100 mL 小烧杯中,加入 30~40 mL 水将其完全溶解后,定量转入 250 mL 容量瓶中,加水稀释、定容并摇匀。用移液管移取 20.00 mL 试液于 250 mL 锥形瓶中,以下操作同上。

2. 混合碱的测定

(1) 双指示剂法。

用移液管移取 20.00 mL 混合碱试液于 250 mL 锥形瓶中,加入 2~3 滴酚酞指示剂,用已标定的 HCl 标准溶液滴定,至试液由紫红色变为微红色[①]为第一终点,记录所消耗 HCl 标准溶液的体积 V_1(mL);再在同一份试液中加入甲基橙指示剂 2 滴(此时因微红色叠加甲基橙的黄色,试液略显橙色),继续用上述 HCl 标准溶液滴定,至试液由黄色变为橙色时为第二终点[②],记下第二次用去 HCl 标准溶液的体积 V_2(等于 $V_总 - V_1$),平行测定 3 份。

(2) 混合指示剂法。

用混合指示剂 5 滴代替酚酞指示剂,用 HCl 标准溶液滴定,至试液由紫色突变为粉红色即为第一终点,其他步骤均同前。

---

① 采用双指示剂法,用酚酞变色确定第一终点时,最好事先配制与试液中浓度相近的 NaHCO$_3$ 酚酞溶液作为参照液,将试液的颜色与其对照,以便较轻易确定终点。再者,无论采用何种指示剂,在到达第一终点之前,滴定速度均不可过快,并且要注意充分振摇试液,防止因滴定剂 HCl 局部过浓,致使少量 Na$_2$CO$_3$ 直接完全反应并分解成 CO$_2$ 逸出,造成测定误差。

② 临近第二终点前,一定要充分振摇试液,避免因 H$_2$CO$_3$ 过饱和致使试液酸度升高而导致终点提前。

五、数据处理

1. 计算 HCl 标准溶液的浓度、平均值与相对平均偏差 $\bar{d}_r$，要求 $\bar{d}_r \leq 0.2\%$。

2. 根据 V_1 与 V_2 的相对大小，判断混合碱的组成。

3. 根据混合碱的组成确定各组分消耗 HCl 标准溶液的体积，并计算出各组分的质量浓度 $\rho(\text{g} \cdot \text{L}^{-1})$、平均值及相应的 $\bar{d}_r$。如混合碱为 Na_2CO_3 和 $NaHCO_3$，则计算公式如下：

$$\rho_{Na_2CO_3} = \frac{2V_1 \times c_{HCl} \times M_{Na_2CO_3}}{2V}$$

$$\rho_{NaHCO_3} = \frac{(V_2 - V_1) \times c_{HCl} \times M_{NaHCO_3}}{V}$$

4. 根据 $V_1 + V_2$(mL) 和以下公式，计算试样的总碱量的质量浓度 ρ_{Na_2O} ($\text{g} \cdot \text{L}^{-1}$)、平均值与相对平均偏差，要求 $\bar{d}_r \leq 0.2\%$。

$$\rho_{Na_2O} = \frac{(V_1 + V_2) \times c_{HCl} \times M_{Na_2O}}{2V}$$

5. 将所有数据分别按标定和测定两部分列表表示出来。

六、思考题

1. 如基准试剂无水 Na_2CO_3 部分吸湿，将分别会给标定和测定的结果带来哪些影响？试具体分析之。

2. 如在第一终点已滴定至酚酞完全褪色，分析此时试液中可能发生的反应及其对测定结果的影响。

实验6　乙酰水杨酸含量的测定

一、实验目的

1. 学习酸碱滴定法在有机酸测定中的应用。
2. 学习药品阿司匹林中药用成分含量的测定方法，了解纯品与片剂分析方法的区别。

二、实验原理

阿司匹林是一种常用的解热镇痛药物,其药用成分是乙酰水杨酸。由于它能抑制血小板聚集,因此可以用于心脑血管疾病的预防和治疗。乙酰水杨酸是一种有机弱酸($pK_a = 3.0$),化学式 $C_9H_8O_4$,摩尔质量为 180.16 g·mol^{-1},微溶于水,易溶于乙醇。由于其分子结构中的羧基可在溶液中解离,因此可以作为一元酸用 NaOH 标准溶液直接滴定,酚酞作为指示剂。

乙酰水杨酸溶解于 NaOH 或 Na_2CO_3 等强碱性溶液中时,分子中的乙酰基会发生分解,导致生成水杨酸钠(邻羟基苯甲酸钠)和乙酸盐。为了防止此种情况发生,采用直接法测定时,只能在 10 ℃ 以下的中性乙醇介质中进行,且方法只适用于乙酰水杨酸纯品。

乙酰水杨酸在强碱性溶液中的水解反应:

$$\text{邻-C}_6\text{H}_4(\text{COOH})(\text{OCOCH}_3) + 3\text{OH}^- \rightleftharpoons \text{邻-C}_6\text{H}_4(\text{COO}^-)(\text{O}^-) + \text{CH}_3\text{COO}^- + 2\text{H}_2\text{O}$$

滴定乙酰水杨酸纯品的反应:

$$\text{邻-C}_6\text{H}_4(\text{COOH})(\text{OCOCH}_3) + \text{OH}^- \rightleftharpoons \text{邻-C}_6\text{H}_4(\text{COO}^-)(\text{OCOCH}_3) + \text{H}_2\text{O}$$

还应注意的是,滴定中应充分振摇试液,且速度不要太慢,以防止因滴定剂落入点局部碱度过大,而促进上述水解反应发生。

由于阿司匹林药片中含有较大量淀粉等不溶于水的赋形剂,它们在冷乙醇中不易溶解完全,此时可利用上述水解反应,采用返滴定法进行测定,而不宜采用直接法。

药片经充分研细并混匀后,加入过量的 NaOH 标准溶液,再加热一定时间,使其中乙酰基的水解反应进行完全,再以酚酞为指示剂,用 HCl 标准溶液返滴定过量的 NaOH,至试液的微红色刚刚褪去为终点。在该滴定反应中,乙酰水杨酸与 NaOH 反应的化学计量比是 1∶2。

三、仪器与试剂

1. 仪器

瓷研钵,药匙等。

2. 试剂

0.10 mol·L⁻¹ NaOH 标准溶液(配制与标定方法见实验2和实验3),0.10 mol·L⁻¹ HCl 标准溶液(配制与标定方法见实验2和实验5),0.2%酚酞乙醇溶液,95%乙醇(AR),乙酰水杨酸(晶体),阿司匹林药片。

四、实验步骤

1. 乙醇的预中和

量取 60 mL 乙醇于 100 mL 小烧杯中,加入酚酞指示剂 8 滴,在搅拌中滴加 0.10 mol·L⁻¹ NaOH 标准溶液至刚出现微红色为终点,盖上表面皿,置于冰水浴中。

2. 测定乙酰水杨酸(晶体)的纯度

准确称取约 0.4 g 试样置于干燥的锥形瓶中,加入 10 ℃ 以下的中性乙醇 20 mL,摇动使其完全溶解后,加入 3 滴酚酞指示剂,立即用 NaOH 标准溶液滴定,至试液呈微红色为终点,平行测定 3 份。

3. 阿司匹林药片中乙酰水杨酸含量的测定

取 4 粒药片,称量其总质量为 m_1(准至 0.001 g),在瓷研钵中将药片充分研细并混匀后转入称量瓶中(此项操作是为了保证分析试样的代表性,从而为准确测定提供了前提条件)。准确称取(0.4±0.05) g(m_2)药粉于锥形瓶中,加入 40.00 mL NaOH 标准溶液,盖上表面皿,轻轻摇动后在热水浴上用蒸汽加热 15 min,其间摇动 2 次并冲洗瓶壁 1 次。取出锥形瓶迅速用自来水冷却至室温,加入 3 滴酚酞指示剂,立即用 0.10 mol·L⁻¹ HCl 标准溶液滴定,至试液的微红色刚刚褪去为终点,平行测定 3 次。

4. NaOH 标准溶液与 HCl 标准溶液体积比的测定

移取 20.00 mL NaOH 标准溶液和 20 mL 水于锥形瓶中,在与测定药粉时相同的实验条件下进行加热,冷却后用 HCl 标准溶液滴定,平行测定 3 次。计算 V_{NaOH}/V_{HCl} 值(4 位有效数字)。

五、数据处理

1. 列出关系式,计算晶体中乙酰水杨酸的质量分数、平均值与相对平均偏差。

2. 列出关系式,计算阿司匹林药粉中乙酰水杨酸的质量分数,每粒药片中乙酰水杨酸的含量(g·片⁻¹),及其平均值和相对平均偏差。

3. 将所有数据分别按标定和测定两部分列表表示出来。

六、注释

1. 测定药片时，试液在水浴上加热后取出冷却，注意各份试液冷却的时间也应一致。

2. 实验步骤 4 中"体积比的测定"是一种空白试验。由于在加热过程中，NaOH 溶液会受到空气中 CO_2 的影响，从而会给测定造成一定的系统误差(称为空白值)。而在与测定试样相同的条件下测定两种溶液的体积比，就可以使"空白值"得到扣除，从而达到基本消除空气中 CO_2 的干扰、提高准确度的目的。这个实验也说明了在酸碱滴定法中 CO_2 的影响是不可忽视的，必要时应采取措施予以消除。

3. 如因时间关系，也可以只完成阿司匹林药片的测定内容。

七、思考题

1. 称取乙酰水杨酸晶体时，为什么所用锥形瓶要保持干燥？

2. 测定药片时，为什么 1 mol 乙酰水杨酸消耗 2 mol NaOH，而不是 3 mol NaOH？用 HCl 标准溶液返滴定后的试液，水解产物将以什么形式存在？

实验 7　水硬度的测定

一、实验目的

1. 学习配制和标定 EDTA 标准溶液的方法；掌握铬黑 T(EBT)指示剂和钙指示剂的使用条件和在终点时颜色的变化，了解络合滴定法的特点。

2. 学习测定水的总硬度、钙硬度和镁硬度的原理和方法。

3. 学习酸溶法的溶样方法，掌握定量转移溶液的操作和容量瓶、移液管的正确使用方法。

二、实验原理

市售的 EDTA 二钠盐中含有 EDTA 酸和水分，不易精制，加之实验用水和其他试剂中也常含有金属离子，因此其标准溶液通常采用间接法配制。此时应根据测定的对象不同，采用不同的基准试剂来标定 EDTA 溶液的浓度。常用的基准试剂有纯金属如 Zn、Pb、Bi 和 Cu 等，化合物如 ZnO、PbO、Bi_2O_3、$CaCO_3$、$ZnSO_4 \cdot 7H_2O$、$MgSO_4 \cdot 7H_2O$、$Pb(NO_3)_2$ 和 $Zn(Ac)_2 \cdot 2H_2O$ 等。标定 EDTA 标准溶液时，应尽量选择与被测组分相同的基准物质，使标定和测定时的条件一致，可以减小测定误差。

测定水的硬度时,常用 $CaCO_3$ 基准试剂标定 EDTA 标准溶液的浓度,选用钙指示剂指示终点,用 NaOH 控制溶液 pH 为 12~13,其变色原理为

滴定前　　　　　　　Ca+In(蓝色) ══ CaIn(酒红色)

滴定中　　　　　　　Ca+Y ══ CaY

终点时　　　　　　　CaIn(酒红色) + Y ══ CaY+In(蓝色)

由于钙、镁离子是天然水中的主要离子,因此一般以水中这两种离子的含量来计算水的硬度。所谓水的总硬度即水中所含钙、镁离子的总量,其中包括碳酸盐硬度(暂时硬度,即通过加热后能以碳酸盐形式沉淀下来的钙、镁离子)和非碳酸盐硬度(永久硬度,即加热后不能沉淀下来的那部分钙、镁离子)。硬度是衡量水质的一项重要指标,按照阳离子的不同还可区分为钙硬度和镁硬度。很多行业对所用水的硬度都有一定的要求,因此测定水的硬度是这些部门的常规分析项目之一,以便确定用水的质量并为水的软化处理提供依据。

在国际上和国内有关部门测定水的总硬度的行业标准中,指定方法是以铬黑 T 为指示剂的络合滴定法,并将水中钙、镁离子的总量折算成 $CaCO_3$ 的含量来表示总硬度,单位是 $mg \cdot L^{-1}$。这一方法适用于生活饮用水、工业锅炉用水、冷却水、地下水和未被严重污染的地表水。例如,我国《生活饮用水卫生标准》(GB 5749—2022)中规定水硬度不得超过 450 $mg \cdot L^{-1}$。本方法原理如下。

在 pH≈10 的 NH_3-NH_4Cl 缓冲溶液中,用 EDTA 标准溶液直接滴定水中 Ca^{2+}、Mg^{2+} 的总量,至溶液由紫红色(经紫蓝色)转变成蓝色为终点。其反应为

滴定前　Mg^{2+}+EBT(蓝色) ══ Mg-EBT(紫红色)

滴定开始至化学计量点之前　$Ca^{2+}(Mg^{2+})$+H_2Y^{2-} ══ $CaY^{2-}(MgY^{2-})$+$2H^+$

化学计量点时　Mg-EBT(紫红色)+H_2Y^{2-} ══ MgY^{2-}+EBT(蓝色)+$2H^+$

由于铬黑 T 与 Mg^{2+} 形成的络合物较其与 Ca^{2+} 的络合物更为稳定,因此当水样中镁离子的含量甚微时,指示剂在终点的变色就不很敏锐。为了解决这一问题,可在水样中加入少量 MgY^{2-} 溶液予以改善,或者采用 K-B 混合指示剂指示终点(紫红色至蓝绿色)。

本方法的主要干扰离子有 Fe^{3+}、Al^{3+}、Mn^{2+}、Cu^{2+}、Pb^{2+} 和 Zn^{2+} 等。水样中,包括络合滴定所用的水和试剂中如有上述金属离子存在时,将会影响对终点的观察,甚至使滴定不能进行。此时可用三乙醇胺掩蔽 Fe^{3+} 和 Al^{3+};用 Na_2S、KCN 掩蔽 Cu^{2+}、Pb^{2+}、Zn^{2+} 等;Mn^{2+} 的干扰可用盐酸羟胺消除,同时对蒸馏水进行精制。

如需分别测定水的钙硬度和镁硬度，可加 NaOH 调节水样的 pH 为 12～13，使 Mg^{2+} 形成 $Mg(OH)_2$ 沉淀，以钙指示剂指示终点（紫红色至纯蓝色），用 EDTA 标准溶液滴定水样中的钙分量。镁分量即可由钙镁总量与钙分量之差求得。

三、试剂

乙二胺四乙酸二钠（$Na_2H_2Y \cdot 2H_2O$，AR），$CaCO_3$（GR，110 ℃ 干燥至恒重，干燥器中保存），0.5% 铬黑 T 指示剂（0.5 g 铬黑 T，加 20 mL 三乙醇胺，用水稀释至 100 mL），1% 钙指示剂（1 g 钙指示剂和 100 g Na_2SO_4 研细混匀，储存于干燥器中），氨性缓冲溶液（pH≈10，20 g NH_4Cl 和 100 mL 浓氨水，用水稀释至 1 L，混匀），0.02 $mol \cdot L^{-1}$ MgY^{2-} 溶液（配制方法见注释 5），6 $mol \cdot L^{-1}$ HCl 溶液，1 $mol \cdot L^{-1}$ NaOH 溶液。

四、实验步骤

1. 配制 500 mL 0.02 $mol \cdot L^{-1}$ EDTA 标准溶液

在台秤上称取 4.0 g $Na_2H_2Y \cdot 2H_2O$ 于 500 mL 烧杯中，加水 200 mL 左右微热，使其完全溶解后，冷却，转入试剂瓶（如需保存，则用聚乙烯瓶）中，稀释至 500 mL，摇匀，贴上标签。

2. 配制 250 mL 0.02 $mol \cdot L^{-1}$ 钙标准溶液

准确称取 0.50～0.55 g 基准试剂 $CaCO_3$ 于 100 mL 小烧杯中，加几滴水使成糊状。盖上表面皿，由烧杯嘴沿杯壁向内慢慢滴加 6 $mol \cdot L^{-1}$ HCl 溶液 5 mL，反应剧烈时稍停，手指按住表面皿略微转动烧杯底，使试样完全溶解。用洗瓶吹出少量水清洗表面皿的凸面和烧杯内壁，洗涤液应全部流入烧杯内，不得损失。此后按定量转移溶液的方法操作，将钙标准溶液全部转入 250 mL 容量瓶中，加水稀释定容，摇匀，做上记号。

3. 标定 EDTA 标准溶液的浓度

准确移取 20.00 mL 钙标准溶液于锥形瓶中，加入 5 mL NaOH 溶液（1 $mol \cdot L^{-1}$）和适量钙指示剂，摇匀，用待标定的 EDTA 标准溶液进行滴定，至溶液由紫红色恰好变为纯蓝色为终点，记录 V_Y。平行标定 3 次，要求其 V_Y 的极差不大于 0.05 mL（以下同）。

4. 水样总硬度的测定

用移液管移取适量水样于锥形瓶中（自来水样取 100.0 mL；人工配制水样取 20.00 mL），加入 5 mL 氨性缓冲溶液和适量铬黑 T 指示剂（3～4 滴），摇匀，用 EDTA 标准溶液进行滴定。因反应速率较慢，临近终点时应慢滴多摇，使反应充分，直至终点（紫红色至纯蓝色）。记录 EDTA 的用量 V_1，平行测定 3 次。

5. 钙硬度的测定

移取等体积水样于锥形瓶中,加入适量 1 mol·L⁻¹ NaOH 溶液(自来水样中加 2 mL;人工配制水样中加 5 mL),此时水样的 pH 应为 12~13。加入适量钙指示剂,用 EDTA 标准溶液进行滴定,并不断振荡。临近终点时,滴定要慢,至试液由紫红色变为纯蓝色为终点。记录 EDTA 标准溶液的用量 V_2,平行测定 3 次。

6. 镁硬度的测定

由水中钙、镁总量(总硬度)及钙的含量(钙硬度)即可算出镁的含量(镁硬度)。

五、数据处理

写出标定和测定的有关计算公式,根据记录的实验数据进行下列计算。

1. 计算 $CaCO_3$ 标准溶液的浓度。
2. 计算 EDTA 标准溶液的浓度、平均值和相对平均偏差。
3. 根据以下公式计算水的总硬度、钙硬度和镁硬度(单位 mol·L⁻¹),平均值和相对平均偏差。要求标定和测定结果的 $\bar{d}_r \leq 0.2\%$。

$$c_{总硬度} = \frac{(cV_1)_{EDTA}}{V_{水样}}$$

$$c_{钙硬度} = \frac{(cV_2)_{EDTA}}{V_{水样}}$$

$$c_{镁硬度} = \frac{(c\bar{V}_1 - c\bar{V}_2)_{EDTA}}{V_{水样}}$$

六、注释

1. 0.2 g 酸性铬蓝 K 和 0.4 g 萘酚绿 B 加水溶解后稀释至 100 mL;或 1 g 酸性铬蓝 K 和 2 g 萘酚绿 B 加 40 g KCl,研细混匀,装入试剂瓶于干燥器中保存。

2. 氨水等试剂中可能含有 Fe^{3+} 等干扰离子,会对指示剂产生封闭作用(但作用较慢)。故强调在加入氨性缓冲溶液后不宜久置,应立即滴定,实验中应加入 1 份滴定 1 份。

3. 如欲掩蔽干扰离子 Fe^{3+}、Al^{3+},则应在酸性条件下先加入盐酸羟胺、三乙醇胺,再加氨性缓冲溶液(或 NaOH 溶液)、Na_2S 溶液等,掩蔽剂应在指示剂之前加入。三乙醇胺中可能含有铁,使用时要注意。

4. 测定水样的总硬度时,若水样的硬度较大,加入氨性缓冲溶液后(或测定钙分量时,加入 NaOH 溶液后),因可能慢慢析出碳酸盐沉淀致使滴定终点拖长,指示剂变色不敏锐。为了避免上述情况发生,可加入 1~2 滴 6 mol·L^{-1} HCl 溶液酸化水样,煮沸数分钟以逐去 CO_2,冷却后中和至大致呈中性(可用刚果红试纸检查),再按后述步骤进行测定。

5. 配制 0.02 mol·L^{-1} MgY^{2-} 溶液。称取 2.465 g MgSO$_4$·7H$_2$O 和 3.722 g Na$_2$H$_2$Y·2H$_2$O 溶于 200 mL 水中,加 2 滴酚酞指示剂,用 0.1 mol·L^{-1} NaOH 溶液滴定至试液呈微红色。加入 30 mL pH≈10 的氨性缓冲溶液和适量铬黑 T 指示剂,溶液应呈紫红色(如呈蓝色,则再加少量 0.02 mol·L^{-1} 镁溶液使呈紫红色)。在搅拌下滴加 0.02 mol·L^{-1} EDTA 标准溶液至试液刚转变成蓝色为终点,然后加水稀释至 500 mL,摇匀。在配好的 MgY^{2-} 溶液中,加 1 滴镁溶液应变为紫红色,再加 1 滴 EDTA 溶液则应呈蓝色,即 Mg^{2+} 与 Y^{4-} 的化学计量比应为 1∶1。

七、思考题

1. 由 4 个形成常数 $K_{CaY}>K_{MgY}>K_{MgIn}>K_{CaIn}$ 的排列顺序,说明用 EDTA 标准溶液滴定钙、镁总量至终点时,反应过程和变色原理,写出有关反应式。

2. 测定水的总硬度时,为什么要加入氨性缓冲溶液将试液的 pH 控制在 10 左右? 当水的硬度较大时,加入氨性缓冲溶液后可能会出现什么情况? 应如何改善?

3. 以铬黑 T 为指示剂测定水中钙、镁总量时,为使终点明晰,当水样中 Mg^{2+} 含量很低时,可加入一定量 MgY^{2-} 予以改善。这样做对测定结果有无影响? 为什么?

4. 如欲掩蔽水样中的 Al^{3+} 和 Fe^{3+},三乙醇胺应在什么条件下加入? 为什么? 为什么掩蔽剂要在指示剂之前加入?

5. EDTA 标准溶液欲长期保存时,应储存于何种容器中? 为什么?

6. 用基准碳酸钙标定 EDTA 标准溶液的浓度和测定水样中的钙分量时,为什么溶液的 pH 应调至 12~13?

实验 8 牛奶中钙含量的测定

一、实验目的

1. 熟悉络合滴定法的原理和操作步骤。
2. 掌握牛奶中钙含量的检测方法。

二、实验原理

钙是人体的重要无机成分,约占人体质量的1.4%,是神经传递、肌肉收缩、激素释放和乳汁分泌等生理过程所必需的元素。目前,我国居民钙摄入量严重不足,而坚持喝牛奶是有效的补钙方法之一。因此,准确获取牛奶中钙含量数据有助于制订正确、科学的补钙计划。

测定牛奶中钙含量的常见方法有络合滴定法和原子吸收光谱法,其中络合滴定法因所用仪器普通易得,成本低廉、分析速度快、操作简单,而具有较强的实际应用价值。用EDTA测定牛奶中的钙,一般在pH为12~13的碱性溶液中进行。滴定前加入钙指示剂,其与钙离子生成酒红色的络合物;当EDTA滴定至化学计量点时,游离出钙指示剂,溶液呈现纯蓝色。

三、试剂

乙二胺四乙酸二钠($Na_2H_2Y \cdot 2H_2O$,AR),钙指示剂,氢氧化钠溶液($40 \text{ g} \cdot \text{L}^{-1}$),牛奶试样。

四、实验步骤

1. $0.020 \text{ mol} \cdot \text{L}^{-1}$ EDTA标准溶液的配制和标定

按照实验7的方法(水硬度的测定)进行。

2. 牛奶中钙含量的测定

用移液管吸取20.00 mL牛奶试样置于250 mL锥形瓶中,加入5 mL $40 \text{ g} \cdot \text{L}^{-1}$ NaOH溶液及少量钙指示剂,摇匀后,用EDTA标准溶液滴定至溶液由酒红色到紫色最后变为纯蓝色,即为终点。记录EDTA标准溶液的用量,平行测定3次。

五、数据处理

列出有关的公式,根据记录的实验数据进行下列计算

1. 计算ETDA标准溶液的浓度,平均值和相对平均偏差。

2. 计算牛奶中钙的含量(用质量浓度$\text{g} \cdot \text{L}^{-1}$表示),平均值和相对平均偏差。要求标定、测定结果的$\bar{d}_r \leq 0.2\%$,并将所有数据按照标定和测定两部分,分别列表表示出来。

六、思考题

滴定前,为什么在锥形瓶中加入5 mL $40 \text{ g} \cdot \text{L}^{-1}$ NaOH溶液?为什么滴定在pH为12~13的碱性溶液中进行?

实验 9 铅铋混合液中铋、铅含量的连续测定

一、实验目的

1. 学习通过控制溶液酸度对 Bi^{3+}、Pb^{2+} 进行连续滴定的原理和方法。
2. 掌握二甲酚橙(XO)指示剂的使用条件和它在终点时的变色情况。

二、实验原理

Bi^{3+}、Pb^{2+} 均能与 EDTA 形成稳定的螯合物，但它们的绝对形成常数有很大的差别($\lg K_{BiY} = 27.94$，$\lg K_{PbY} = 18.04$)，符合混合离子分步滴定的条件(当 $c_M = c_N$，$\Delta pM = \pm 0.2$，欲使 $|E_t| \leqslant 0.1\%$，则需 $\Delta \lg K \geqslant 6$)。因此可以通过控制不同的滴定酸度在同一份试液中先后对 Bi^{3+}、Pb^{2+} 进行连续滴定，采用二甲酚橙为指示剂。

二甲酚橙与 Bi^{3+}、Pb^{2+} 都可以生成紫红色的络合物，但前者的更为稳定。首先在 pH = 1 的 HNO_3 介质中，用 EDTA 标准溶液滴定 Bi^{3+} 分量，试液由紫红色经红、橙变成黄色(此颜色较后一个终点时的亮黄色略深)为第一个终点，因 Pb^{2+} 此时不与二甲酚橙显色而无干扰。待滴定 Bi^{3+} 的反应完成后，加入六亚甲基四胺调节试液的 pH 为 5~6，溶液此时因 Pb^{2+} 与二甲酚橙络合而再呈紫红色，继续用 EDTA 滴定 Pb^{2+} 分量，终点时溶液由紫红色变为亮黄色。

为了使标定与测定在相同的反应条件下进行，采用基准试剂 $ZnSO_4 \cdot 7H_2O$ 标定 EDTA 标准溶液的浓度，二甲酚橙为指示剂。滴定在 pH 为 5~6 的 HCl-$(CH_2)_6N_4$ 缓冲溶液中进行，终点时溶液颜色的变化同上。

三、试剂

乙二胺四乙酸二钠($Na_2H_2Y \cdot 2H_2O$，AR)，$ZnSO_4 \cdot 7H_2O$ 基准试剂，0.2%二甲酚橙溶液，20%六亚甲基四胺[$(CH_2)_6N_4$，AR]溶液，0.1 mol·L^{-1} HNO_3 溶液，1:1 HCl 溶液，1:5 HCl 溶液。铅铋合金试样或 Bi^{3+}-Pb^{2+} 混合溶液(其中 Bi^{3+}、Pb^{2+} 浓度各为 0.01 mol·L^{-1}，HNO_3 浓度约为 0.15 mol·L^{-1}，配制方法见注释 1)。

四、实验步骤

1. 配制 0.02 mol·L^{-1} EDTA 标准溶液

按实验 7 的方法进行。

2. 配制 0.02 mol·L^{-1} 锌标准溶液

准确称取 1.40~1.45 g $ZnSO_4 \cdot 7H_2O$ 基准试剂于 100 mL 小烧杯中，加入

约一半的水溶解后,定量转入 250 mL 容量瓶中,稀释,定容,摇匀,贴上标签。

3. 标定 EDTA 标准溶液的浓度

准确移取 20.00 mL Zn^{2+} 标准溶液于锥形瓶中,加入 1∶5 HCl 溶液 2 mL,二甲酚橙指示剂 2 滴,滴加六亚甲基四胺溶液至试液呈稳定的紫红色后,再过量 5 mL,摇匀。用待标定的 EDTA 标准溶液滴定溶液由紫红色至亮黄色为终点(临近终点时慢滴多摇,方不致过量,以下同),记录 V_Y。平行标定 3 次,要求其 V_Y 的极差不大于 0.05 mL(以下同)。

4. Bi^{3+}-Pb^{2+} 的连续测定

准确移取 20.00 mL Bi^{3+}-Pb^{2+} 混合液于锥形瓶中,加入 0.1 mol·L^{-1} HNO_3 溶液 10 mL,二甲酚橙指示剂 2 滴,摇匀。用 EDTA 标准溶液滴定试液至第一个终点,记下用去 EDTA 标准溶液的体积 V_{Bi}。由于 Bi^{3+} 与 EDTA 反应的速率较慢,故临近终点时滴定速度不宜过快,且应用力振荡试液。酌情向试液中补加 1 滴指示剂,并滴加六亚甲基四胺溶液至试液呈稳定的紫红色后再过量 5 mL,此时试液的 pH 应为 5~6。继续用 EDTA 标准溶液滴定至第二个终点,记录消耗 EDTA 标准溶液的体积 V_{Pb}(等于 $V_总$-V_{Bi}),平行测定 3 次。

五、数据处理

列出有关的公式,根据记录的实验数据进行下列计算。

1. 计算锌标准溶液的浓度。
2. 计算 EDTA 标准溶液的浓度,平均值和相对平均偏差。
3. 计算试液中铋、铅的含量(水样则用质量浓度 g·L^{-1} 表示),平均值和相对平均偏差。要求标定、测定结果的 $\overline{d}_r \leqslant 0.2\%$。并将所有数据按标定和测定两部分,分别列表表示出来。

六、注释

1. 称取 4.85 g $Bi(NO_3)_3$·$5H_2O$,3.3 g $Pb(NO_3)_2$,加入 10 mL 浓 HNO_3,微热溶解后稀释至 1 L。

2. Bi^{3+} 极易水解,配制的混合试液中,必须具有较高的 HNO_3 浓度,临使用前再加水稀释至 0.15 mol·L^{-1} 左右。

七、思考题

1. 根据混合离子分步滴定的条件,从理论上说明对混合液中 Bi^{3+}、Pb^{2+} 进行连续滴定的原理。

2. 进行铋、铅连续测定时,为什么要先在 pH=1 时滴定 Bi^{3+},再调试液至 pH 5~6,滴定 Pb^{2+}?

3. 滴定 Bi^{3+} 之前,加入 0.1 mol·L^{-1} HNO_3 溶液的作用是什么?试液的酸度过高或过低对测定有何影响?

4. 滴定混合液中的 Pb^{2+} 时,为什么不采用 HAc-NaAc 缓冲溶液控制酸度?在滴定 Pb^{2+} 之前往试液中加入六亚甲基四胺溶液有何作用?此时调至试液呈稳定的紫红色又说明了什么?为什么六亚甲基四胺溶液还要过量 5 mL?

5. 如果采用实验 7 的 EDTA 标准溶液(以碳酸钙基准物质标定)来滴定 Bi^{3+}、Pb^{2+},讨论对测定结果准确度可能带来的影响。

实验 10 胃舒平药片中铝和镁含量的测定

一、实验目的

1. 学习用返滴定法测定铝的原理和方法。
2. 学习沉淀分离的操作方法。
3. 学习测定药片时,试样的前处理方法。

二、实验原理

胃舒平是一种抗胃酸药,其药用成分是 $Al(OH)_3·2MgO·3SiO_2·xH_2O$(三硅酸镁)和少量颠茄流浸膏,在制成片剂时还需加入大量糊精(淀粉)等赋形剂。国家药典规定每片药中含 Al_2O_3 不少于 0.116 g;含 MgO 不少于 0.020 g,两者的含量均可采用 EDTA 滴定法进行测定。

将药片研细成药粉,用酸溶解后,分离除去不溶物质,制成试液。

1. Al_2O_3 含量的测定

由于 Al^{3+} 与 EDTA 的螯合反应速率较慢,且对所用的指示剂有封闭作用,因而常采用返滴定法进行测定。为了避免 Al^{3+} 因水解生成多核氢氧基络合物,先调节试液的酸度为 pH 3~4,再加入一定量且过量的 EDTA 标准溶液,并加热至沸以加速螯合反应进行。待两者反应完全后,调节试液的酸度为 pH 5~6,采用二甲酚橙作指示剂,再用锌标准溶液返滴定剩余的 EDTA,直至试液由亮黄色突变为紫红色即为终点。有关滴定反应为

$$Al^{3+} + H_2Y^{2-} \rightleftharpoons AlY^- + 2H^+$$

(定量且过量)

$$Zn^{2+}+H_2Y^{2-} \Longrightarrow ZnY^{2-}+2H^+$$
（剩余）

2. MgO 含量的测定

另取部分试液，调节其 pH 5~6，使 Al^{3+} 形成氢氧化物沉淀将其分离除去，并用三乙醇胺掩蔽剩余的铝，从而消除它对测定镁的干扰。于 pH 10 的氨性缓冲溶液中，采用铬黑 T 为指示剂测定镁。

三、仪器与试剂

1. 仪器

瓷研钵，药匙，电炉，漏斗，定量滤纸等。

2. 试剂

$0.02\ mol \cdot L^{-1}$ EDTA 标准溶液（配制和标定方法见实验 7），$0.02\ mol \cdot L^{-1}\ Zn^{2+}$ 标准溶液（配制方法见实验 9），胃舒平药片，1∶1 HCl 溶液，1∶3 HCl 溶液，1∶1 氨水，20% 六亚甲基四胺溶液，1∶2 三乙醇胺溶液，1∶1 氨水，$NH_4Cl(s, AR)$，0.2% 二甲酚橙指示剂，0.5% 铬黑 T 指示剂，0.2% 甲基红乙醇溶液。

四、实验步骤

1. 试样的前处理

取胃舒平药片 10 片，称其总质量（m_1，准至 0.001 g）后置于研钵内，尽量研细并使其混合均匀，再转入称量瓶中（取多片药片充分研细混匀后再分取部分进行测定，以保证分析结果具有代表性）。准确称取药粉 0.8 g（m_2）于 250 mL 烧杯中，用几滴水润湿，并在不断搅拌下逐滴加入 1∶1 HCl 溶液 8 mL，再加蒸馏水至 40 mL，搅拌，加热并煮沸，注意勿使试液溅出损失。静置冷却后，将试液过滤于 250 mL 容量瓶中，并用蒸馏水先后洗涤烧杯和滤纸上的沉淀数次（少量多次原则，详见重量分析法基本操作），滤液和洗涤液均收集于容量瓶中（定量转移）。最后用蒸馏水稀释至刻度，摇匀备用。

2. 铝的测定

准确移取试液 10.00 mL 于 250 mL 锥形瓶中，加水至 25 mL 左右，再加入 EDTA 标准溶液 20.00 mL，摇匀。加入 2 滴二甲酚橙指示剂于试液中，溶液应呈黄色。滴加 1∶1 氨水至试液恰呈紫红色后，再滴加 1∶3 HCl 溶液使它刚好显黄色，再过量 3 滴，调节试液 pH 3~4。加热试液至沸腾，保持 3 min，冷却至室温后，再加入 20% 六亚甲基四胺溶液 10 mL，此时试液应呈黄色，pH 5~6（否则应加入 1∶3 HCl 溶液将其调成黄色）。补加二甲酚橙指示剂 2 滴，用锌标准溶液返滴定剩余的 EDTA，试液由亮黄色突变为紫红色为终点，平行测定 3 份。

3. 镁的测定

移取试液 20.00 mL 于小烧杯中（如消耗滴定剂体积过小,可酌情增加移取体积）,先调节试液酸度,使生成氢氧化铝沉淀。滴加 1∶1 氨水至试液刚好出现沉淀后,再滴加 1∶1 HCl 溶液至沉淀恰好溶解。加入 NH_4Cl 固体 0.8 g,滴加 20% 六亚甲基四胺溶液至沉淀生成,并过量 5 mL。加热试液至沸腾 5 min 后,趁热过滤,滤液承接入 250 mL 锥形瓶中。用 10 mL 含 NH_4Cl 的稀溶液分数次洗涤氢氧化铝沉淀,洗涤液一并收集于同一锥形瓶中,再向其中加入 1∶2 三乙醇胺溶液 4 mL,pH 10 的氨性缓冲溶液 5 mL,甲基红指示剂 1 滴,铬黑 T 指示剂 1~2 滴,用 EDTA 标准溶液滴定试液中的 Mg^{2+},溶液由暗红色突变为蓝绿色即为终点,平行测定 3 份。

五、数据处理

1. 写出计算胃舒平药片中 Al_2O_3 和 MgO 质量分数的关系式。

2. 根据以上测量值分别计算出胃舒平药片中 Al_2O_3 和 MgO 的含量（g·片$^{-1}$）,平均值和相对平均偏差。

3. 将所有数据按标定和测量两部分,分别列表表示出来。

六、注释

1. 当 $c_{Al^{3+}} < 10^{-2}$ mol·L^{-1} 时,pH 4 开始生成沉淀,pH 10~12 沉淀溶解,本实验将酸度控制在 pH 5~6。在调节试液酸度的过程中,如加氨水过多,$Al(OH)_3$ 沉淀会溶解;如加 HCl 溶液过量,滴加六亚甲基四胺溶液时就不会有沉淀生成,均会影响后述 Mg^{2+} 的测定,因此在上述过程中,滴加酸、碱液都要边滴边摇,尽量使溶液均匀。另外,后面用六亚甲基四胺溶液来调节试液酸度要比用氨水好,可以减少氢氧化铝沉淀对 Mg^{2+} 的吸附。

2. 测定 Mg^{2+} 时,加入甲基红指示剂 2 滴,可使终点的颜色变化更为敏锐。

3. 如因时间关系,也可以只完成测定药片中 Al_2O_3 含量的内容。

4. 如将本实验放在学习了重量分析法基本操作后再进行,则效果更好;或者就将其作为一个综合性实验来完成。

七、思考题

1. 简述返滴定法测定铝的步骤和条件,并解释其原因。

2. 测定实际试样时,取样制样的种种操作都是为了达到什么目的?与分析结果之间有何关系?

3. 在测定 Mg^{2+} 之前,为了使氢氧化铝沉淀完全并便于过滤操作,实验中采取了哪些措施？

4. 能否在同一份试液中连续测定镁和铝？

实验 11　高锰酸钾标准溶液的配制和标定

一、实验目的

1. 掌握氧化还原滴定条件的影响和控制方法。
2. 掌握深色溶液的体积读数方法。

二、实验原理

市售的 $KMnO_4$ 试剂常含有少量 MnO_2 和其他杂质，蒸馏水中含有少量有机物质，它们能使 $KMnO_4$ 还原为 $MnO(OH)_2$，而 $MnO(OH)_2$ 又能促进 $KMnO_4$ 的自身分解：

$$4MnO_4^- + 2H_2O = 4MnO_2 + 3O_2\uparrow + 4OH^-$$

该分解反应在光照下速率更快。因此，$KMnO_4$ 溶液的浓度容易改变，必须正确地配制和保存。如果长期使用，则必须定期进行标定。

标定 $KMnO_4$ 溶液的基准物质有 As_2O_3、铁丝、$H_2C_2O_4 \cdot 2H_2O$ 和 $Na_2C_2O_4$ 等，其中以 $Na_2C_2O_4$ 最常用。$Na_2C_2O_4$ 易纯制，不易吸湿，性质稳定。在酸性条件下，用 $Na_2C_2O_4$ 标定 $KMnO_4$ 的反应为

$$2MnO_4^- + 5C_2O_4^{2-} + 16H^+ = 2Mn^{2+} + 10CO_2\uparrow + 8H_2O$$

滴定时 $KMnO_4$ 利用本身的紫红色指示终点，称为自身指示剂。

三、试剂

$KMnO_4(s, AR)$，$Na_2C_2O_4(s)$ 基准物质，$3\ mol \cdot L^{-1}\ H_2SO_4$ 溶液。

四、实验步骤

1. $0.02\ mol \cdot L^{-1}\ KMnO_4$ 标准溶液的配制

称取 1.6 g $KMnO_4$ 溶于 500 mL 水中，盖上表面皿，加热至沸并保持微沸状态 1 h，冷却后于室温下放置 2~3 天，用微孔玻璃漏斗或玻璃棉过滤，滤液储存于清洁具塞的棕色瓶中。

2. $KMnO_4$ 标准溶液的标定

准确称取 0.13~0.16 g 基准物质 $Na_2C_2O_4$ 置于 250 mL 锥形瓶中,加 40 mL 水,10 mL 3 mol·L^{-1} H_2SO_4 溶液。加热至 70~80 ℃[①](即开始冒蒸气时的温度),趁热用 $KMnO_4$ 溶液进行滴定[②]。由于开始时反应速率较慢,因而滴定的速度也要慢,一定要等前一滴 $KMnO_4$ 标准溶液的红色完全褪去后再滴入下一滴[③]。随着滴定的进行,溶液中反应产物即催化剂 Mn^{2+} 的浓度不断增大,反应速率明显加快,此即自身催化作用。此时滴定的速度也可相应加快。滴定到溶液呈微红色,且半分钟不褪,即为终点[④]。注意终点时溶液的温度应保持在 60 ℃以上。平行标定 3 份,计算 $KMnO_4$ 标准溶液的浓度(mol·L^{-1})和相对平均偏差。

$$c_{KMnO_4} = \frac{\frac{2}{5}(m/M)_{Na_2C_2O_4} \times 10^3}{V_{KMnO_4}}$$

五、思考题

1. 配制 $KMnO_4$ 标准溶液时,为什么要将 $KMnO_4$ 溶液煮沸一定时间并放置数天？配好的 $KMnO_4$ 标准溶液为什么要过滤后才能保存？过滤时是否可以用滤纸？

2. 配制好的 $KMnO_4$ 溶液为什么要盛放在棕色瓶中保存？如果没有棕色瓶怎么办？

3. 在滴定时,$KMnO_4$ 标准溶液为什么要放在酸式滴定管中？

4. 用 $Na_2C_2O_4$ 标定 $KMnO_4$ 标准溶液时,为什么必须在 H_2SO_4 介质中进行？可以用 HNO_3 溶液或 HCl 溶液调节酸度吗？酸度过高或过低有何影响？为什么要加热到 70~80 ℃？溶液温度过高或过低有何影响？

5. 标定 $KMnO_4$ 标准溶液时,为什么第一滴 $KMnO_4$ 标准溶液加入后溶液的红色褪去很慢,而以后红色褪去的速度越来越快？

6. 盛放 $KMnO_4$ 标准溶液的烧杯或锥形瓶等容器放置较久后,其壁上常有棕色沉淀物,是什么？此棕色沉淀物用通常方法不容易洗净,应怎样洗涤才能除去

---

① 在室温下,$KMnO_4$ 与 $Na_2C_2O_4$ 之间的反应速率较慢,故需将溶液加热。但温度不能太高,若超过 90 ℃,则易引起 $H_2C_2O_4$ 分解: $H_2C_2O_4 \Longrightarrow CO_2\uparrow +CO\uparrow +H_2O$

② $KMnO_4$ 颜色较深,液面的弯月面下沿不易看出,读数时应以液面的上沿最高线为准。

③ 如滴定速度过快,部分 $KMnO_4$ 将来不及与 $Na_2C_2O_4$ 反应,而在热的酸性溶液中分解:
$$4MnO_4^- + 4H^+ \Longrightarrow 4MnO_2 + 3O_2\uparrow + 2H_2O$$

④ $KMnO_4$ 的滴定终点不太稳定,这是由于空气中含有还原性气体及尘埃等杂质,能使 $KMnO_4$ 缓慢分解,而使其微红色消失。故经过 30 s 不褪色即可认为已到达终点。

此沉淀物?

实验 12　高锰酸钾法测定过氧化氢的含量

一、实验目的

1. 进一步熟悉氧化还原滴定分析的正确操作。
2. 掌握氧化性溶液的保存方法。

二、实验原理

过氧化氢具有还原性,在酸性介质和室温条件下能被高锰酸钾定量氧化,其反应方程式为

$$2MnO_4^- + 5H_2O_2 + 6H^+ = 2Mn^{2+} + 5O_2\uparrow + 8H_2O$$

H_2O_2 加热时易分解,故应在室温下滴定。滴定开始时反应缓慢,随着催化剂 Mn^{2+} 的生成和浓度增大而逐渐加快。也可以在滴定前向溶液中加入一定量的 Mn^{2+} 作为催化剂。

三、试剂

0.02 mol·L^{-1} KMnO$_4$ 标准溶液(配制和标定方法见实验 11),3 mol·L^{-1} H$_2$SO$_4$ 溶液,1 mol·L^{-1} MnSO$_4$ 溶液,H$_2$O$_2$ 试样(由市售质量分数约为 30% 的 H$_2$O$_2$ 水溶液配制,所得试样浓度为 1.5~1.7 g·L^{-1})①。

四、实验步骤

用移液管移取 H$_2$O$_2$ 试样 20.00 mL 于 250 mL 锥形瓶中,加入 5 mL 3 mol·L^{-1} H$_2$SO$_4$ 溶液和 1~2 滴 MnSO$_4$ 溶液,用 KMnO$_4$ 标准溶液滴定至溶液呈微红色,半分钟不褪色即为终点。平行测定 3 次,计算试样中 H$_2$O$_2$ 的质量浓度(g·L^{-1})和相对平均偏差。

$$\rho_{H_2O_2} = \frac{\frac{5}{2}(cV)_{KMnO_4} \times M_{H_2O_2}}{20.00}$$

---

① H$_2$O$_2$ 试样若系工业产品,则用高锰酸钾法测定不合适,因为产品中常加有少量乙酰苯胺等有机化合物作稳定剂,滴定时也将被 KMnO$_4$ 氧化,引起误差。此时应当采用碘量法或硫酸铈法进行测定。

五、思考题

1. 用高锰酸钾法测定 H_2O_2 时,能否用 HNO_3 溶液或 HCl 溶液来控制酸度?
2. 用高锰酸钾法测定 H_2O_2 时,为何不能通过加热来加速反应?

实验 13　$K_2Cr_2O_7$ 法测定铁矿石中铁的含量(无汞法)

一、实验目的

1. 掌握 $K_2Cr_2O_7$ 法测定铁含量的基本原理和方法。
2. 掌握 $SnCl_2$-$TiCl_3$ 联合还原铁的基本原理和方法。
3. 掌握氧化还原指示剂的变色原理及使用条件。
4. 了解无汞法测定铁含量的绿色环保意义。

二、实验原理

铁矿石的种类很多,具有炼铁价值的矿石主要有磁铁矿(Fe_3O_4)、赤铁矿(Fe_2O_3)和菱铁矿($FeCO_3$)等。铁矿石试样用 HCl 溶解后,首先在热浓的 HCl 溶液中用 $SnCl_2$ 将大部分 Fe(Ⅲ)还原为 Fe(Ⅱ),再用 $TiCl_3$ 还原剩余的 Fe(Ⅲ),反应方程式为

$$2Fe^{3+} + SnCl_4^{2-} + 2Cl^- \Longrightarrow 2Fe^{2+} + SnCl_6^{2-}$$

$$Fe^{3+} + Ti^{3+} + H_2O \Longrightarrow Fe^{2+} + TiO^{2+} + 2H^+$$

当全部 Fe(Ⅲ)定量还原为 Fe(Ⅱ)之后,稍过量的 $TiCl_3$ 即可将溶液中的预处理指示剂(即内指示剂)Na_2WO_4 由无色还原为蓝色的钨蓝。然后用少量的稀 $K_2Cr_2O_7$ 溶液将过量的钨蓝氧化,使蓝色恰好消失,从而指示预还原的终点。

定量还原 Fe(Ⅲ)时,不能单独采用 $SnCl_2$。因为过量的 $SnCl_2$ 没有适当的无汞法消除。但也不能单独采用 $TiCl_3$ 还原 Fe(Ⅲ),因如果引入较多的钛盐,当下步用水稀释时,则大量 Ti(Ⅳ)易水解而生成沉淀,影响测定。故只能采用 $SnCl_2$-$TiCl_3$ 联合预还原法。

预处理后,在硫磷混酸介质中,以二苯胺磺酸钠为指示剂,用 $K_2Cr_2O_7$ 标准溶液滴定至溶液呈紫色,即达终点。

$$14H^+ + Cr_2O_7^{2-} + 6Fe^{2+} \longrightarrow 2Cr^{3+} + 6Fe^{3+} + 7H_2O$$

随着滴定的进行，Fe(Ⅲ)的浓度越来越大，$FeCl_4^-$ 的黄色不利于终点的观察，可以借加入的 H_3PO_4 与 Fe^{3+} 生成无色的 $[Fe(HPO_4)_2]^-$ 络离子而消除。同时，由于 $[Fe(HPO_4)_2]^-$ 的生成，降低了 Fe(Ⅲ)/Fe(Ⅱ) 电对的电位，使化学计量点附近的电位突跃增大，指示剂二苯胺磺酸钠的变色点落入突跃范围之内，提高了滴定的准确度。

采用 $SnCl_2$-$TiCl_3$ 联合还原的 $K_2Cr_2O_7$ 法测铁含量，因无须使用含汞试剂指示预还原的终点，避免了有害元素汞对环境的污染，目前已被定为铁矿石分析的国家标准。

三、试剂

$K_2Cr_2O_7$(s) 基准物质(于 140 ℃ 干燥 2 h，保存于干燥器内)，浓 HCl 溶液，50 g·L^{-1} $SnCl_2$ 溶液(称取 5 g $SnCl_2$·$2H_2O$，溶于 100 mL 1∶1HCl 溶液中，使用前一天配制)，15 g·L^{-1} $TiCl_3$ 溶液(取 100 mL 150 g·L^{-1} $TiCl_3$ 试剂与 200 mL 1∶1 HCl 溶液及 700 mL 水混合，储于棕色瓶中)，硫磷混酸溶液(将 150 mL 浓 H_2SO_4 溶液缓缓加入 700 mL 水中，冷却后再加入 150 mL 浓 H_3PO_4 溶液)，250 g·L^{-1} Na_2WO_4 溶液，2 g·L^{-1} 二苯胺磺酸钠水溶液，铁矿石试样。

四、实验步骤

1. 0.017 mol·L^{-1} $K_2Cr_2O_7$ 标准溶液的配制

准确称取 1.2～1.3 g $K_2Cr_2O_7$ 基准物质于 100 mL 烧杯中，加适量水溶解后定量转入 250 mL 容量瓶中，用水稀释至刻度，摇匀。计算其准确浓度。

2. 矿样的溶解

准确称取约 0.2 g 铁矿石试样 3 份，分别置于 250 mL 锥形瓶中，用少量水润湿，加入 10 mL 浓 HCl 溶液，并滴加 8～10 滴 $SnCl_2$ 溶液助溶。盖上微表面皿，在近沸的水浴中加热 20～30 min，至残渣变为白色，表明试样溶解完全，此时溶液呈橙黄色。用少量水冲洗微表面皿和锥形瓶内壁。

3. 预处理

趁热①用滴管小心滴加 $SnCl_2$ 溶液以还原 Fe(Ⅲ)，边滴边摇，直到溶液由棕黄色变为浅黄色，表明大部分 Fe(Ⅲ) 已被还原。加入 4 滴 Na_2WO_4 和 60 mL 水，加热②。在摇动下逐滴加入 $TiCl_3$ 至溶液出现蓝色。冲洗瓶壁，并用自来水冲洗锥形瓶外壁使溶液冷却至室温。小心滴加稀释至 10 倍体积的 $K_2Cr_2O_7$ 溶

---

① 用 $SnCl_2$ 还原 Fe(Ⅲ) 时，温度不能太低，否则反应速率慢，黄色褪去不易观察，易使 $SnCl_2$ 过量。

② 用 $TiCl_3$ 还原 Fe(Ⅲ) 时，温度不能太低，否则反应速率慢，易使 $TiCl_3$ 过量。

液,至蓝色刚好消失。

4. 铁含量的测定

将试液加水稀释至 150 mL(若上述处理后体积接近 150 mL 则无须稀释),加入 15 mL 硫磷混酸,再加入 3~4 滴二苯胺磺酸钠指示剂①,立即② 用 $K_2Cr_2O_7$ 标准溶液滴定 Fe(Ⅱ),至溶液呈稳定的紫色即为终点。平行测定 3 份,计算铁矿石中铁的质量分数和相对平均偏差。

五、思考题

1. 在预处理时为什么 $SnCl_2$ 溶液要趁热逐滴加入?

2. 在预还原 Fe(Ⅲ)至 Fe(Ⅱ)时,为什么要用 $SnCl_2$ 和 $TiCl_3$ 两种还原剂?只使用其中一种有什么缺点?

3. 在滴定前加入 H_2SO_4-H_3PO_4 的作用是什么?加入后为什么要立即滴定?

实验 14 I_2 和 $Na_2S_2O_3$ 标准溶液的配制和标定

一、实验目的

1. 掌握碘量法的基本原理。
2. 了解碘量法中误差的来源。
3. 掌握提高分析结果准确度的方法。

二、实验原理

碘量法主要使用 I_2 和 $Na_2S_2O_3$ 两种标准溶液,现分别讨论如下(根据具体情况选择二者之一进行实验即可)。

1. I_2 标准溶液的配制和标定

用升华法可以制得纯度很高的 I_2,可以作为基准物质直接配制标准溶液。但通常使用的市售 I_2 试剂纯度不高,需先配成近似浓度的 I_2 标准溶液,然后再进行标定。

I_2 微溶于水而易溶于 KI 溶液中,但在稀的 KI 溶液中溶解得很慢,故配制 I_2 标准溶液时应先在较浓的 KI 溶液中进行,待溶解完全后再稀释到所需的浓度。

I_2 标准溶液可以用 As_2O_3 作为基准物质进行标定,但 As_2O_3(俗称砒霜)有

---

① 由于二苯胺磺酸钠也要消耗一定量的 $K_2Cr_2O_7$,故不能多加。

② 在硫磷混酸中铁电对的电极电位降低,Fe(Ⅱ)更易被氧化,故不应放置而应立即滴定。

剧毒,故更常用 $Na_2S_2O_3$ 标准溶液进行标定。

2. $Na_2S_2O_3$ 标准溶液的配制和标定

固体试剂 $Na_2S_2O_3 \cdot 5H_2O$ 通常含有一些杂质,且易风化和潮解,因此 $Na_2S_2O_3$ 标准溶液应采用间接配制法配制。

$Na_2S_2O_3$ 标准溶液不够稳定,容易分解。水中的 CO_2、细菌和光照都能使其分解,水中的 O_2 也能将其氧化。故配制 $Na_2S_2O_3$ 标准溶液时,最好采用新煮沸并冷却的蒸馏水,以除去水中的 CO_2 和 O_2,并杀死细菌;加入少量 Na_2CO_3 使溶液呈弱碱性以抑制 $Na_2S_2O_3$ 的分解和细菌的生长;并储于棕色瓶中,放置几天再进行标定。长期使用的溶液应定期标定。

通常采用 $K_2Cr_2O_7$ 作为基准物质,以淀粉为指示剂,用间接碘量法标定 $Na_2S_2O_3$ 标准溶液。因为 $K_2Cr_2O_7$ 与 $Na_2S_2O_3$ 的反应产物有多种,不能按确定的反应式进行,故不能用 $K_2Cr_2O_7$ 直接滴定 $Na_2S_2O_3$。而应加入过量的 KI 与 $K_2Cr_2O_7$ 反应,析出与 $K_2Cr_2O_7$ 化学计量相当的 I_2,再用 $Na_2S_2O_3$ 标准溶液滴定 I_2。反应方程式如下:

$$Cr_2O_7^{2-} + 6I^- + 14H^+ = 2Cr^{3+} + 3I_2 + 7H_2O$$

$$2S_2O_3^{2-} + I_2 = 2I^- + S_4O_6^{2-}$$

$K_2Cr_2O_7$ 与 KI 的反应速率较慢。为了加快反应速率,可控制溶液酸度为 $0.2\sim0.4\ mol\cdot L^{-1}$ HCl 溶液,同时加入过量的 KI,并在暗处放置一定时间。但在滴定前需将溶液稀释以降低酸度,以防止 $Na_2S_2O_3$ 在滴定过程中遇强酸而分解。

三、试剂

$0.017\ mol\cdot L^{-1}\ K_2Cr_2O_7$ 标准溶液(配制及标定方法见实验13),$Na_2S_2O_3\cdot 5H_2O$(s,AR),I_2(s,AR),KI(s,AR),$100\ g\cdot L^{-1}$ KI 溶液(使用前配制),$5\ g\cdot L^{-1}$ 淀粉溶液,Na_2CO_3(s,AR),$6\ mol\cdot L^{-1}$ HCl 溶液。

四、实验步骤

1. $0.050\ mol\cdot L^{-1}\ I_2$ 标准溶液的配制

称取 $4.0\ g\ I_2$,放入小烧杯中,加入 $8\ g\ KI$。加水少许,用玻璃棒搅拌至 I_2 全部溶解后,转入 500 mL 烧杯,加水稀释至 300 mL。摇匀,储存于棕色瓶中。

2. $0.10\ mol\cdot L^{-1}\ Na_2S_2O_3$ 标准溶液的配制

称取 $13\ g\ Na_2S_2O_3\cdot 5H_2O$,溶于 500 mL 新煮沸的冷蒸馏水中,加 $0.1\ g$ Na_2CO_3,保存于棕色瓶中,放置一周后进行标定。

3. Na$_2$S$_2$O$_3$ 标准溶液的标定

用移液管吸取 20.00 mL 配制好的 K$_2$Cr$_2$O$_7$ 标准溶液于 250 mL 锥形瓶中，加 5 mL 6 mol·L^{-1} HCl 溶液和 10 mL 100 g·L^{-1} KI 溶液。摇匀后盖上微表面皿，于暗处放置 5 min[①]。然后用 100 mL 水稀释，用 Na$_2$S$_2$O$_3$ 标准溶液滴定至溶液呈浅黄绿色后加入 2 mL 淀粉指示剂[②]，继续滴定至溶液蓝色消失并变为绿色即为终点。平行测定 3 次，计算 Na$_2$S$_2$O$_3$ 标准溶液的浓度和相对平均偏差。

4. I$_2$ 标准溶液的标定

用移液管取 20.00 mL 待标定的 I$_2$ 溶液于 250 mL 锥形瓶中，加 50 mL 水，用 Na$_2$S$_2$O$_3$ 标准溶液滴定至溶液呈浅黄色时，加入 2 mL 淀粉指示剂，继续滴定至溶液蓝色消失即为终点。平行测定 3 次，计算 I$_2$ 标准溶液的浓度和相对平均偏差。

五、思考题

1. 如何配制和保存 I$_2$ 溶液？配制 I$_2$ 溶液时为什么要加入 KI？
2. 如何配制和保存 Na$_2$S$_2$O$_3$ 溶液？
3. 用 K$_2$Cr$_2$O$_7$ 作基准物质标定 Na$_2$S$_2$O$_3$ 标准溶液时，为什么要加入过量的 KI 和 HCl 溶液？为什么要放置一定时间？为什么在滴定前还要加水稀释？
4. 标定 I$_2$ 标准溶液时，既可以用 Na$_2$S$_2$O$_3$ 溶液滴定 I$_2$ 溶液，也可以用 I$_2$ 溶液滴定 Na$_2$S$_2$O$_3$ 溶液，且都采用淀粉指示剂。但在两种情况下加入淀粉指示剂的时间是否相同？为什么？

实验 15 间接碘量法测定铜盐中的铜含量

一、实验目的

1. 掌握间接碘量法测定铜含量的基本原理。
2. 了解间接碘量法中误差的来源。
3. 掌握提高分析结果准确度的方法。

二、实验原理

在弱酸性的条件下，Cu^{2+} 可以被 KI 还原为 CuI，同时析出与之化学计量相当

---

① K$_2$Cr$_2$O$_7$ 与 KI 的反应需一定的时间才能进行得比较完全，故需放置约 5 min。

② 淀粉指示剂应在临近终点时加入，而不能过早加入。否则将有较多的 I$_2$ 与淀粉指示剂结合，而这部分 I$_2$ 在终点时解离较慢，造成终点拖后。

的 I_2，用 $Na_2S_2O_3$ 标准溶液滴定，以淀粉为指示剂。反应式为

$$2Cu^{2+} + 5I^- \rightleftharpoons 2CuI\downarrow + I_3^-$$

$$2S_2O_3^{2-} + I_3^- \rightleftharpoons S_4O_6^{2-} + 3I^-$$

可见，在上述反应中，I^- 不仅是 Cu^{2+} 的还原剂，还是 Cu^{2+} 的沉淀剂和 I_2 的络合剂。

  间接碘量法必须在弱酸性或中性溶液中进行。在测定 Cu^{2+} 时，通常用 NH_4HF_2 缓冲溶液（即 HF/F^- 共轭酸碱对）控制溶液的酸度为 pH 3~4。NH_4HF_2 同时也提供了 F^- 作为掩蔽剂，可以使共存的 Fe^{3+} 转化为 FeF_6^{3-} 以消除其对 Cu^{2+} 测定的干扰。如试样中不含 Fe^{3+}，也可不用 NH_4HF_2 而用醋酸缓冲溶液（pH=4）等控制溶液酸度。

  CuI 沉淀表面易吸附少量 I_2，这部分 I_2 不与淀粉作用，会导致终点提前。为此应在临近终点时加入 KSCN 或 NH_4SCN 溶液，使 CuI 沉淀转化为溶解度更小的 CuSCN 沉淀，而 CuSCN 不吸附 I_2，从而使被 CuI 吸附的那部分 I_2 释放出来，提高了测定的准确度。

三、试剂

  0.10 mol·L^{-1} $Na_2S_2O_3$ 标准溶液（配制和标定方法见实验 14），100 g·L^{-1} KI 溶液（使用前配制），100 g·L^{-1} KSCN 溶液，1 mol·L^{-1} H_2SO_4 溶液，5 g·L^{-1} 淀粉溶液，$CuSO_4·5H_2O$ 试样。

四、实验步骤

  准确称取 $CuSO_4·5H_2O$ 试样 0.5~0.6 g，置于 250 mL 锥形瓶中，加 5 mL 1 mol·L^{-1} H_2SO_4 溶液和 100 mL 水使其溶解。加入 10 mL 100 g·L^{-1} KI 溶液，立即用 $Na_2S_2O_3$ 标准溶液滴定至浑浊液呈浅黄色。加入 2 mL 淀粉指示剂，继续滴定至蓝色褪去。再加入 10 mL 100 g·L^{-1} KSCN 溶液①，振摇后浑浊液"返蓝"，再继续用 $Na_2S_2O_3$ 标准溶液滴定，至蓝色刚好消失即为终点。此时浑浊液呈米黄色或浅肉红色。平行测定 3 次，计算 $CuSO_4·5H_2O$ 试样中 Cu 的质量分数和相对平均偏差。

五、思考题

  1. 本实验加入 KI 溶液的作用是什么？

---

① KSCN 溶液只能在临近终点时加入，否则大量的 CuI 沉淀的存在也有可能吸附 I_2，从而影响测定的准确度。

2. 本实验为什么要加入 KSCN 溶液？为什么不能过早地加入？

3. 若试样中含有铁,则加入何种试剂可以消除铁对测定铜的干扰并同时控制溶液的 pH 为 3~4？

实验 16　碘量法测定葡萄糖的含量

一、实验目的

1. 掌握碘量法测定葡萄糖含量的原理和方法。
2. 掌握碘量法中指示剂的使用方法。

二、实验原理

将一定量过量的 I_2 在碱性条件下加入葡萄糖溶液中,I_2 与 OH^- 作用可以生成 IO^-,而葡萄糖分子中的醛基能够定量地被 IO^- 氧化为羧基,反应为

$$I_2 + 2OH^- = IO^- + I^- + H_2O$$

$$CH_2OH(CHOH)_4CHO + IO^- + OH^- = CH_2OH(CHOH)_4COO^- + I^- + H_2O$$

过量的未与葡萄糖作用的 IO^- 在碱性介质中进一步歧化为 IO_3^- 和 I^-,它们在溶液酸化时又反应生成 I_2：

$$3IO^- = IO_3^- + 2I^-$$

$$IO_3^- + 5I^- + 6H^+ = 3I_2 + 3H_2O$$

再用 $Na_2S_2O_3$ 标准溶液滴定析出的 I_2：

$$2S_2O_3^{2-} + I_2 = 2I^- + S_4O_6^{2-}$$

根据所加入的 I_2 标准溶液的物质的量和滴定所消耗的 $Na_2S_2O_3$ 标准溶液的物质的量,以及上述反应中的各物质之间的化学计量关系,便可以计算出葡萄糖的质量分数。

三、试剂

$0.050\ mol \cdot L^{-1}\ I_2$ 标准溶液(配制和标定方法见实验 14),$0.10\ mol \cdot L^{-1}\ Na_2S_2O_3$ 标准溶液(配制和标定方法见实验 14),$1\ mol \cdot L^{-1}$ NaOH 溶液,1∶1 HCl 溶液,$5\ g \cdot L^{-1}$ 淀粉溶液,葡萄糖(固体)或葡萄糖试液。

四、实验步骤

准确称取约 0.5 g 葡萄糖试样于 100 mL 烧杯中,加少量水溶解后定量转移至 100 mL 容量瓶中,定容并摇匀。用移液管吸取该试液 20.00 mL 于 250 mL 锥形瓶中,再用移液管准确加入 20.00 mL I_2 标准溶液。在摇动下缓缓滴加 1 mol·L^{-1} NaOH 溶液①,直至溶液变成浅黄色。盖上微表面皿,放置约 15 min,使之反应完全。用少量水冲洗微表面皿和锥形瓶内部,然后加入 2 mL HCl 溶液,立即用 $Na_2S_2O_3$ 标准溶液滴定至溶液呈浅黄色。加入 2 mL 淀粉指示剂,继续滴定至溶液蓝色恰好消失即为终点。平行测定 3 份,计算试样中葡萄糖的质量分数②和相对平均偏差。

五、思考题

为什么在氧化葡萄糖时滴加 NaOH 溶液的速度要慢,且加完后要放置一段时间?而在酸化后则要立即用 $Na_2S_2O_3$ 标准溶液滴定?

实验 17 可溶性氯化物中氯含量的测定(莫尔法)

一、实验目的

1. 掌握莫尔法的原理和应用。
2. 掌握沉淀滴定法的操作。

二、实验原理

某些可溶性氯化物中氯含量的测定常采用莫尔法。此方法是在中性或弱碱性溶液中③,以 K_2CrO_4 为指示剂,用 $AgNO_3$ 标准溶液滴定待测试液中的 Cl^-。由于 AgCl 的溶解度小于 Ag_2CrO_4,因此溶液中首先析出 AgCl 沉淀,化学计量点后稍过量的 Ag^+ 与 CrO_4^{2-} 生成砖红色 Ag_2CrO_4 沉淀而指示终点。主要反应式如下:

$$Ag^+ + Cl^- \rightleftharpoons AgCl\downarrow (白色) \qquad K_{sp} = 1.8\times 10^{-10}$$

---

① 氧化葡萄糖时滴加稀 NaOH 溶液的速度要慢。否则过量的 IO^- 还来不及和葡萄糖反应就歧化为氧化性较差的 IO_3^-,可能导致葡萄糖不能完全被氧化。

② 若试样为葡萄糖溶液则试样溶液中葡萄糖的含量以质量浓度(g·L^{-1})表示。葡萄糖 ($C_6H_{12}O_6\cdot H_2O$) $M_r = 198.2$。

③ 最适宜的 pH 范围为 6.5~10.5;若有铵盐存在,为了避免 $[Ag(NH_3)_2]^+$ 生成,则溶液 pH 范围应控制在 6.5~7.2 为宜。

$$2Ag^+ + CrO_4^{2-} =\!\!=\!\!= Ag_2CrO_4\downarrow(砖红色) \quad K_{sp}=2.0\times10^{-12}$$

通过消耗 $AgNO_3$ 的体积和浓度计算试样中氯的含量。

三、试剂

$AgNO_3$(分析纯)，NaCl(优级纯，使用前在高温炉中于 500~600 ℃下干燥 2~3 h，储存干燥器中冷却后使用)，50 g·L^{-1} K_2CrO_4 溶液。

四、实验步骤

1. 配制 0.1 mol·L^{-1} $AgNO_3$ 标准溶液

称取 8.5 g $AgNO_3$ 固体于小烧杯中，用少量水溶解后，转入棕色试剂瓶中[①]，稀释至 500 mL 左右，置暗处保存。

2. 0.1 mol·L^{-1} $AgNO_3$ 标准溶液的标定

准确称取 0.55~0.60 g 基准试剂 NaCl 于小烧杯中，用蒸馏水溶解后，定量转入 100 mL 容量瓶中，用水稀释至刻度，摇匀。用移液管准确移取 20.00 mL 此溶液于 250 mL 锥形瓶中，加入 20 mL 水，1 mL 50 g·L^{-1} K_2CrO_4 溶液，在不断摇动下，用 $AgNO_3$ 标准溶液滴定至溶液微呈橙红色即为终点。平行测定 3 份，计算 $AgNO_3$ 溶液的准确浓度。

3. 试样中 Cl^- 含量的测定

准确称取含氯试样(含氯质量分数约为 60%)1.6 g 左右，置于小烧杯中，加水溶解后，定量转移至 250 mL 容量瓶中，用水稀释至刻度，摇匀。准确移取 20.00 mL 试液于 250 mL 锥形瓶中，加水 20 mL，50 g·L^{-1} K_2CrO_4 溶液 1 mL，在不断摇动下，用 $AgNO_3$ 标准溶液滴定至溶液呈橙红色即为终点。平行测定 3 份，根据试样的质量和滴定中消耗的 $AgNO_3$ 标准溶液的体积及 $AgNO_3$ 标准溶液浓度，计算试样中 Cl^- 的含量。

必要时进行空白测定，即取 20.00 mL 蒸馏水按上述同样操作测定，计算时应扣除空白测定所消耗的 $AgNO_3$ 标准溶液体积[②]。

---

① $AgNO_3$ 见光析出金属银，$2AgNO_3 \xrightarrow{光} 2Ag+2NO_2+O_2$，故需保存在棕色试剂瓶中；$AgNO_3$ 若与有机物接触，则起还原作用，加热颜色变黑，故勿使 $AgNO_3$ 与皮肤接触。

② 实验结束后，盛装 $AgNO_3$ 溶液的滴定管应先用蒸馏水冲洗 2~3 次，再用自来水冲洗，以免产生 AgCl 沉淀，难以洗净。含银废液应予以回收，不可随意倒入水槽。

五、数据处理

1. $AgNO_3$ 标准溶液浓度的计算

$$c_{AgNO_3} = \frac{m_{NaCl} \times \dfrac{20}{100}}{M_{NaCl} V_{AgNO_3}} \times 1\,000 \quad (M_{NaCl} = 58.44 \text{ g} \cdot \text{mol}^{-1})$$

2. 试样中氯含量的计算

$$w_{Cl} = \frac{c_{AgNO_3} V_{AgNO_3}}{m_s \times \dfrac{20}{250}} \times \frac{M_{Cl}}{1\,000} \times 100\% \quad (M_{Cl} = 35.45 \text{ g} \cdot \text{mol}^{-1})$$

六、思考题

1. 莫尔法测定 Cl^- 时,为什么溶液的 pH 应控制为 6.5~10.5?
2. 以 K_2CrO_4 作指示剂时,其浓度太大或太小对测定有何影响?

实验18　钡盐中钡含量的测定(重量法)

一、实验目的

1. 学习沉淀重量分析法测定钡盐中钡含量的原理和方法。
2. 掌握晶形沉淀的制备、陈化、过滤、洗涤、转移、灼烧及恒重等基本操作。

二、实验原理

将钡盐试样溶解于水后,用稀盐酸酸化,加热至近沸,在不断搅动下缓慢加入热的稀 H_2SO_4 沉淀剂,Ba^{2+} 与 SO_4^{2-} 形成微溶于水的 $BaSO_4$ 沉淀。所得沉淀经陈化、过滤、洗涤和灼烧至恒重后,由 $BaSO_4$ 沉淀和钡盐试样的质量,即可求得试样中钡的质量分数。

为了使 Ba^{2+} 完全生成 $BaSO_4$ 沉淀,H_2SO_4 沉淀剂必须过量。H_2SO_4 在高温下可挥发除去,因此本实验中 H_2SO_4 沉淀剂用量可过量 50%~100%。

三、仪器与试剂

1. 仪器

瓷坩埚(25 mL),马弗炉,干燥器,分析天平,定量滤纸(慢速或中速),玻璃漏斗,漏斗架,电炉等

2. 试剂

BaCl$_2$·2H$_2$O（或 BaCl$_2$），2 mol·L^{-1} HCl 溶液，1 mol·L^{-1} H$_2$SO$_4$ 溶液，0.1 mol·L^{-1} AgNO$_3$ 溶液，2 mol·L^{-1} HNO$_3$ 溶液。

四、实验步骤

1. 瓷坩埚的恒重

洗净两个瓷坩埚（带盖），晾干，在马弗炉中于（800±20）℃灼烧。第一次灼烧 30~45 min，取出，于干燥器中冷却至室温后称量；第二次灼烧 15~20 min，取出，于干燥器中冷却至室温后再称量。重复灼烧和称量操作，直至恒重（连续两次称得的质量之差不大于 0.3 mg），记录最后一次称量的坩埚质量。

2. 试样的称取及沉淀的制备

准确称取 0.4~0.6 g BaCl$_2$·2H$_2$O（或 0.3~0.5 g BaCl$_2$）试样，置于 250 mL 烧杯中，加 70 mL 水及 2~3 mL 2 mol·L^{-1} HCl 溶液，盖上表面皿，加热至近沸（勿使溶液沸腾，以防溅失）。另取 4 mL 1 mol·L^{-1} H$_2$SO$_4$ 溶液于 100 mL 烧杯中，加水 30 mL，加热至近沸。趁热将 H$_2$SO$_4$ 溶液用滴管逐滴加入热的 BaCl$_2$ 溶液中，并用玻璃棒不断搅动（待有较多沉淀析出时，可稍加快 H$_2$SO$_4$ 溶液的滴加速度）。

H$_2$SO$_4$ 溶液加完后，停止搅动，静置。待沉淀沉下后，在上层清液中加入 1 滴或 2 滴 1 mol·L^{-1} H$_2$SO$_4$ 溶液，仔细观察沉淀是否完全，如已沉淀完全，盖上表面皿，将玻璃棒靠在烧杯嘴边（勿将玻璃棒拿出烧杯，避免沉淀损失）。将烧杯置于水浴中加热，并不时搅动，陈化 0.5~1.0 h，冷却至室温后过滤；或将沉淀在室温下放置过夜陈化。

3. 沉淀的过滤和洗涤

将定量滤纸折叠好放入漏斗中，以水润湿，使其与漏斗很好地贴合，在漏斗中加水可形成水柱。将漏斗放在漏斗架上，下面放一个洁净烧杯接收滤液。用倾注法过滤沉淀：小心地把沉淀上面的清液沿玻璃棒倾入漏斗内，让沉淀尽可能留在烧杯中；用洗涤液（2~4 mL 1 mol·L^{-1} H$_2$SO$_4$ 溶液稀释至 200 mL）洗涤沉淀 3 或 4 次，每次取用洗涤液 10 mL，均用倾泻法过滤。然后小心地将沉淀转移至滤纸上，并用一小片滤纸擦拭烧杯内壁和玻璃棒，将滤纸片放在漏斗内的滤纸上。用水洗涤至无氯离子（用表面皿承接滤液约 1 mL，加入 1 滴 2 mol·L^{-1} HNO$_3$ 溶液和 2 滴 0.1 mol·L^{-1} AgNO$_3$ 溶液，不呈现浑浊）。

4. 沉淀的灼烧和恒重

小心地将沉淀包裹好，将包裹沉淀的滤纸置于已恒重的坩埚中，在电炉上加热（坩埚盖半掩着倚于坩埚口）。经烘干（冒气）、炭化（冒烟，不能冒火，滤纸变黑)和灰化(坩埚内的物质全部呈白色)后,将坩埚移入马弗炉中,于(800±20) ℃ 灼烧 30 min,于干燥器中冷却后称量;第二次灼烧 15 min,于干燥器中冷却后称量;重复灼烧和称量操作,直至恒重,记录最后一次称量的坩埚和沉淀总质量。

五、数据处理

写出钡含量的计算公式,根据钡盐试样及硫酸钡沉淀的质量,计算出钡盐试样中钡的质量分数。

六、思考题

1. 为什么要在稀盐酸介质中生成硫酸钡沉淀?
2. 为什么要在热溶液中生成硫酸钡沉淀,而在冷却后才能进行过滤?过滤沉淀前为什么要进行陈化?
3. 为了得到纯净、粗大的硫酸钡晶形沉淀,本实验中采取了哪些措施?
4. 本实验的主要误差来源有哪些?如何进行消除?

实验 19 离子交换树脂交换容量的测定

一、实验目的

1. 了解离子交换树脂的交换容量的意义。
2. 掌握离子交换树脂总交换容量和工作交换容量的测定原理及方法。

二、实验原理

离子交换树脂的交换容量是指每克干燥树脂所能交换的离子(离子的基本单元为 $\frac{1}{n}M^{n+}$)的物质的量(mmol),用 $mmol \cdot g^{-1}$ 表示。它取决于树脂网状骨架内所含有可被交换基团(活性基团)的数目。离子交换树脂的交换容量是树脂的重要特性,是衡量树脂性能的重要指标。交换容量通常有总交换容量、工作(实际)交换容量及穿透交换容量之分。总交换容量是树脂内所有可交换基团全部发生交换时的交换容量,也称极限交换容量。一般使用的树脂其交换容量为 $3\sim6\ mmol \cdot g^{-1}$。树脂的工作交换容量表示离子交换树脂在一定工作条件下所具有的交换能力,通常是指单位体积的湿树脂所能交换离子的物质的量。

本实验用酸碱滴定法测定强酸性的阳离子交换树脂 RH 的总交换容量和工作交换容量。

用动态法测定工作交换容量时,将一定量 H 型树脂装入交换柱中,用 Na_2SO_4 溶液以一定的流量通过交换柱时,Na^+ 与 RH 发生交换反应,交换下来的 H^+ 用 NaOH 标准溶液滴定。反应为

$$RH + Na^+ \Longleftrightarrow RNa + H^+$$

$$H^+ + OH^- \Longleftrightarrow H_2O$$

根据所消耗 NaOH 标准溶液的浓度和体积即可求出离子交换树脂的工作交换容量。

用静态法测定总交换容量时,向一定量的 H 型阳离子交换树脂(RH)中加入一定过量的 NaOH 标准溶液浸泡。静态放置一定时间,当交换反应达到平衡时:

$$RH + NaOH \Longleftrightarrow RNa + H_2O$$

用 HCl 标准溶液滴定过量的 NaOH,即可求出树脂的总交换容量。

三、仪器与试剂

1. 仪器

离子交换柱(可用 25 mL 酸式滴定管代用),732 型强酸性阳离子交换树脂,玻璃棉。

2. 试剂

4 mol·L^{-1} HCl 溶液,0.5 mol·L^{-1} Na_2SO_4 溶液,0.100 0 mol·L^{-1} HCl 标准溶液,0.100 0 mol·L^{-1} NaOH 标准溶液,2 g·L^{-1} 酚酞乙醇溶液。

四、实验步骤

1. 动态法测定树脂的工作交换容量

(1) 树脂的预处理。

市售的阳离子交换树脂一般为 Na 型,使用前须将其用酸处理成 H 型。称取 20 g 732 型阳离子交换树脂于烧杯中,加 100 mL 4 mol·L^{-1} HCl 溶液搅拌,浸泡 1~2 天,以溶解除去树脂中的杂质,并使树脂充分溶胀。若浸出的溶液呈较深的黄色,则应换新鲜的 4 mol·L^{-1} HCl 溶液再浸泡 12 h。倾出上层 HCl 清液,然后用蒸馏水漂洗树脂至中性,抽滤,装于培养皿中于 105 ℃ 下干燥(首次干燥 1 h,再次干燥 0.5 h)至恒重为止,即得到 H 型阳离子交换树脂。

(2) 装柱。

用长玻璃棒将润湿的玻璃棉塞在交换柱的下部,使其平整,加 10 mL 蒸馏水,将洗净的树脂连水加入柱中,要防止混入气泡,为防止加试液时,树脂被冲起,在上面铺一层玻璃棉。在装柱和以后的使用过程中,必须使树脂层始终浸泡

在液面以下约 1 cm 处。柱高 15~20 cm,用蒸馏水洗树脂至流出液为中性,放出多余的蒸馏水。

(3) 交换。

向交换柱不断加入 0.5 mol·L^{-1} Na$_2$SO$_4$ 溶液,用 250 mL 容量瓶收集流出液,调节流量为 2 mL·min^{-1},流过 100 mL Na$_2$SO$_4$ 溶液后,持续检查流出液的 pH,直至流出液的 pH 与加入的 Na$_2$SO$_4$ 溶液 pH 相同时,停止交换。将收集液稀释至 250 mL,摇匀。

用移液管移取 25.00 mL 流出液于 250 mL 锥形瓶中,加入 2 滴酚酞指示剂。用 0.100 0 mol·L^{-1} NaOH 标准溶液滴至微红色半分钟不褪色即为终点,记下消耗的 NaOH 标准溶液体积,平行测定 3 份。

$$工作交换容量 = \frac{c_{NaOH} V_{NaOH}}{m_{树脂} \times \frac{25.00}{250.0}} \quad (mmol \cdot g^{-1})$$

式中,$m_{树脂}$ 为树脂的质量(g)。实验完毕后,将使用过的树脂回收到烧杯中,以便统一进行再生处理,取出玻璃棉。

2. 静态法测定树脂的总交换容量

准确称取已干燥恒重的 H 型阳离子交换树脂 1.000 g 于 250 mL 干燥的磨口锥形瓶中,准确加入 100 mL 0.100 0 mol·L^{-1} NaOH 标准溶液,盖好磨口瓶盖,放置 24 h,使之达到交换平衡。用移液管移取上层已交换后的清液 25.00 mL,置于 250 mL 锥形瓶中,加入 2 滴酚酞指示剂,用 0.100 0 mol·L^{-1} HCl 标准溶液滴至红色刚好褪去为终点,记录消耗的 HCl 标准溶液的体积,平行测定 3 份。

$$总交换容量 = \frac{c_{NaOH} V_{NaOH} - c_{HCl} V_{HCl}}{m_{树脂} \times \frac{25.00}{250.0}} \quad (mmol \cdot g^{-1})$$

实验完毕后,将使用过的树脂回收到烧杯中,以便统一进行再生处理,取出玻璃棉。

五、注释

1. 当树脂层存留有气泡时,溶液将不是均匀地流过树脂层,而是顺着气泡流下,发生"沟流现象",使得某些部位的树脂没有发生离子交换,使交换、洗脱不完全,影响分离效果。如果树脂层中混入气泡,则可用细玻璃棒搅动树脂以逐出气泡。如果仍不奏效,就应重新装柱。

2. 装柱和后面的交换过程中,不能出现树脂床流干的现象。否则将会形成固-气相,造成交换不能进行。出现树脂床流干的现象时,须重新装柱。

六、思考题

1. 什么是离子交换树脂的交换容量？工作交换容量和总交换容量两种交换容量的测定原理是什么？
2. 为什么树脂层中不能存留有气泡？若有气泡如何处理？
3. 怎样处理树脂？怎样装柱？应分别注意什么问题？
4. 根据强酸性阳离子交换树脂交换容量的测定原理,试设计强碱性阴离子交换树脂交换容量的实验测定方法。

实验 20　纸色谱法分离和鉴定氨基酸

一、实验目的

1. 了解纸色谱法分离、鉴定氨基酸的原理。
2. 掌握纸色谱法的操作技术和比移值的测定方法。
3. 学习如何根据组分的比移值来鉴别未知试样中的不同组分。

二、实验原理

纸色谱法(纸上层析法)是以滤纸为载体,利用滤纸吸附的水分作固定相,以有机溶剂为流动相(展开剂)的一种平板色谱分离方法。

当氨基酸混合试样在滤纸上点样后,试样溶解于固定相中,采用上行法(即流动相沿滤纸自下而上移动)将滤纸末端浸入展开剂(正丁醇、冰醋酸和水的混合物)中,由于滤纸的毛细管作用,流动相沿着滤纸上行,试样中各种氨基酸组分在固定相和流动相中不断地进行分配,由于它们的分配系数不同,不同溶质随流动相移动的速度也不相同。形成距原点(点样处)距离不等的斑点,从而达到彼此分离的目的。各组分的比移值 R_f 为

$$R_f = \frac{原点至斑点中心的距离}{原点至溶剂前沿的距离} = \frac{a}{b}$$

比移值 R_f 是用纸色谱进行定性分析的依据。它随被分离化合物的结构、固定相与流动相的性质、温度等因素不同而异。当温度、滤纸、流动相等实验条件固定时,它只与被分离化合物的结构有关。即在一定条件下,不同物质的 R_f 是

一定的,可以据此进行物质的定性分析。但影响 R_f 的因素较多,为此,应用各组分相应的标准试样同时做对照试验。

本实验进行胱氨酸、甘氨酸和酪氨酸的分离和鉴定,其 R_f 依次增大。

氨基酸本身无色,鉴定氨基酸时常采用茚三酮显色剂进行显色。即在层析后需在纸上喷洒显色剂茚三酮,斑点呈蓝紫色。氨基酸被水合茚三酮氧化分解放出醛、氨、二氧化碳,水合茚三酮则被还原为还原型茚三酮:

$$\text{R—CH—COOH} + \text{水合茚三酮} \Longleftrightarrow \text{R—CHO} + \text{NH}_3 + \text{CO}_2\uparrow + \text{还原型茚三酮}$$

氨基酸　　　水合茚三酮　　　　　　　　　　　　　还原型茚三酮

与此同时,还原型茚三酮和 NH_3、茚三酮缩合成新的有色化合物而使斑点呈紫色,反应式为

$$\text{还原型茚三酮} + \text{NH}_3 + \text{茚三酮} \Longleftrightarrow \text{产物} + 2\text{H}_2\text{O}$$

茚三酮

本方法较灵敏,可以检出以微克计的痕量氨基酸。

三、仪器与试剂

1. 仪器

层析筒 150 mm×300 mm($\phi \times h$),毛细管,喷雾器,层析纸(中速色谱滤纸,裁成 90 mm×240 mm 条状)。

2. 试剂

展开剂($V_{正丁醇}:V_{冰醋酸}:V_{水} = 4:1:2$),氨基酸标准溶液(胱氨酸、甘氨酸、酪氨酸均为 5 g·L^{-1} 水溶液),氨基酸混合溶液(由上述三种氨基酸标准溶液等量混合而成),2 g·L^{-1} 茚三酮正丁醇溶液。

四、实验步骤

1. 点样

于层析纸条一端 3 cm 处用铅笔轻轻画一条水平横线,在横线上做四个记号作为原点,原点间距离为 2 cm,分别用毛细管将三种氨基酸标准溶液及氨基酸

混合试液依次点在四个原点处,斑点直径为 2~2.5 mm。在滤纸另一端 2 cm 处中间穿一根棉线,晾干。

2. 展开分离

在干燥的层析筒中加入 60 mL 展开剂,把点好样的纸条挂在层析筒盖上,层析纸下端浸入展开剂约 0.5 cm,但原点必须离开液面①,盖上层析筒,当溶剂前沿上升到距滤纸上端 2~3 cm,即可取出②层析纸,用铅笔画出溶剂前沿位置。

3. 显色

将展开后的层析纸悬挂在空气中自然晾干或烘干后,用喷雾器将茚三酮溶液均匀喷洒在滤纸上,稍干后,放入烘箱中(90 ℃左右)烘 3~5 min,滤纸上即显出紫色斑点。

4. 定性鉴定

用尺子量出各组分的 a、b 值,计算它们相应的 R_f,通过对测得的混合试样中氨基酸的 R_f 与标准的氨基酸的 R_f 相比较,可定性地鉴定混合物试样中氨基酸的组成。

五、思考题

1. 利用纸色谱法分离氨基酸的原理是什么?
2. 实验时,用手指直接拿取滤纸条中部,对实验结果有何影响?
3. 将点好样的滤纸条挂在层析筒内,若原点也浸入展开剂中,实验结果会怎样?
4. 为什么在纸色谱中要采用标准品对照鉴别未知试样?讨论 R_f 和 ΔR_f 在纸色谱分离和鉴定中的意义。

实验 21　学生设计方案实验

一、实验目的

分析化学是一门实践性很强的学科,相关的理论知识为其实践应用奠定了基础并起着指导作用。分析化学实验按照理论课的体系和进度,安排了与之对应的系列基础实验,使学生达到理论与实践相结合的目的,在了解分析化学的典型应用实例的同时,学习并掌握分析化学的基本操作和分析步骤。

---

① 实验时纸条应挂得平直,原点应离开液面,纸条应与展开剂接触。
② 注意:手指上含有一定量的氨基酸(皮肤分泌有氨基酸),不能用手指直接接触分析用的滤纸和滤纸条,要用镊子钳夹滤纸边。

在完成了基础分析化学实验中化学分析法的全部实验后,安排了学生自拟方案的设计性实验。其目的是激发学生的探索、研究精神,培养学生独立分析、解决问题的能力,也是对前一阶段教学效果的一次检验。

基础实验基本上是验证性实验,要求学生完全按照给定的方法和步骤进行操作,同时也包含了对某些实验技能的训练。因为是针对初学者设定的,所以一般实验现象清楚,容易判断,加之分析试样比较简单,成分单一,因此只要按照操作规程进行,基本都能得到较准确的结果。而设计性实验是在学生已经具备了一定的理论知识和实践能力的基础上进行的。面对有一定难度的选题,考察的是学生应用知识的灵活性;训练学生考虑问题的全面性,完成实验的严谨性,从而提高学生的综合素质和能力,加深对分析化学知识的理解。对于实验结果的要求则可以根据试样的难易程度而定。

二、实验准备

1. 查阅文献资料,对选题后的初步构想进行解惑、求证和落实,确定分析方法。

2. 进行预备实验的目的是探索和确定某些实验条件,包括掩蔽或分离的方法、条件和效果;确定取样量的范围和标准溶液的浓度。

3. 按教材中实验包含的内容和模式,写出完成选题的初步方案,并在规定的时间交给指导老师,经相互交流后进行修改。

三、实验实施

按照确定的方案进行并完成实验。在此过程中,注意一方面验证自己的方案,另一方面发现问题或不足,并考虑如何改进。实验操作要规范,准确记录实验现象和原始数据。

四、实验报告

在初步方案的基础上修改完善,写出实验报告。其中应具备下述内容。

1. 实验目的

选题的意义,可以达到的教学目标。

2. 实验原理

实验原理是为了说明实验方案的合理性(理论依据)和实践的可行性。根据选题首先确定分析方法,可以是一种或几种分析方法的联合运用。

设计性实验包含一个分析方案的全过程。由于采用的是滴定分析法,因此实验原理中应包括以下内容:

（1）试样的前处理：将试样制备成最后用于测定的试液，要注意取样的代表性，并保证待测组分能全部进入试液中。

（2）必要的分离方法（主要是沉淀分离法）及掩蔽剂，相应的使用条件。

（3）采用的分析方法：如果是滴定分析法，则需保证准确滴定或分步滴定的可行性。

（4）标准溶液的配制和标定：说明滴定剂的浓度，基准试剂，标定反应的条件，滴定反应的条件（酸度，缓冲溶液，为提高准确度采取的措施及所用试剂，指示剂及其在终点颜色的变化），标定、滴定反应的反应式。

3. 仪器与试剂

全部所需仪器的种类和规格；试剂的种类、规格、浓度、用量和配制方法。

4. 实验步骤

实验要详细和完整，特别是一些关键性的、应注意的操作步骤，条件的控制，实验现象，颜色的变化等。

5. 数据处理

准确、完整、实事求是地记录实验数据，列出计算关系式，计算测定结果（平均值、相对平均偏差）并列表表示之。

6. 讨论与思考

对整个设计方案完成的情况，包括对分析结果的准确度和精确度进行评价，写出心得体会和改进措施。

7. 注释

有关实验内容的补充说明和注意事项等。

8. 参考资料

按上述步骤完成较全面的设计性实验的实验报告后，按时交给指导教师。教师可以组织学生交流并讨论，以达到提升教学效果的目的。

完成整个设计性实验的指导思想是安全、环保、简便和节约，这也是学生在今后的学习和工作中应首先考虑的问题。

五、实验选题

1. NaH_2PO_4-Na_2HPO_4 混合物（液）中各组分含量（浓度）的测定。

2. HCl-H_3PO_3 混合液中各组分浓度的测定。

3. $NaOH$-Na_3PO_4 混合物中各组分浓度的测定。

4. HCl-NH_4Cl 混合液中各组分浓度的测定。

5. H_3BO_3-$Na_2B_4O_7$ 混合物中各组分含量的测定。

6. $Ca(Mg)$-$EDTA$ 溶液中各组分浓度的测定。

7. EDTA 含量的测定。

8. 用二甲酚橙为指示剂[在溴化十六烷基三甲基铵(CTMAB)存在下]测定试样中的钙、镁含量。

9. 铜合金中铜含量的测定(置换滴定法)。

10. 黄铜中铜、锌含量的测定(或 Cu^{2+}-Zn^{2+} 溶液中各组分浓度的测定)。

11. HNO_3-$Pb(NO_3)_2$ 各组分浓度(含量)的测定。

12. Al^{3+}-Pb^{2+} 溶液中各组分浓度的测定。

13. Al_2O_3-Fe_2O_3 混合物(或 Al^{3+}-Fe^{3+} 溶液)中各组分含量(浓度)的测定。

14. HCl-$MgCl_2$-$FeCl_3$ 溶液中各组分浓度的测定。

15. H_2SO_4-$H_2C_2O_4$ 溶液中各组分浓度的测定。

16. 石灰石或白云石中钙含量的测定(高锰酸钾法)。

17. 化学需氧量(COD)的测定。

18. 食品中还原性糖的测定(高锰酸钾法)。

19. HCl-H_2SO_4 溶液中各组分浓度的测定。

20. HAc-H_2SO_4 溶液中各组分浓度的测定。

21. 含 NaCl 杂质的 $FeCl_3$ 试样中各组分浓度的测定。

22. 酱油中氯化钠含量的测定(福尔哈德法)。

23. HCl-$NaCl$-$MgCl_2$ 溶液中各组分浓度的测定。

24. 钢铁中镍含量的测定。

25. 硅酸盐水泥中 Fe_2O_3、Al_2O_3、CaO 和 MgO 含量的测定。

第二篇

仪器分析

第一章 仪器分析实验基本知识

第一节 仪器分析实验的基本要求

仪器分析实验是实验化学和仪器分析课程的重要内容。它是学生在教师指导下,以分析仪器为工具,亲自动手获得所需物质化学组成和结构等信息的教学实践活动。通过仪器分析实验,学生可加深对有关仪器分析方法基本原理的理解,掌握仪器分析实验的基本知识和技能;学会正确地使用分析仪器;合理地选择实验条件;正确处理数据和表达实验结果;培养严谨求是的科学态度、勇于科技创新和独立工作的能力。为了达到以上教学目的,对仪器分析实验提出以下基本要求。

(1) 仪器分析所用的仪器一般较昂贵,同一实验室不可能购置多套同类仪器,仪器分析实验通常都采用大循环方式组织教学。因此,学生在实验前必须做好预习工作,仔细阅读仪器分析实验教材,了解分析方法和分析仪器工作的基本原理、仪器主要部件的功能、操作程序和注意事项。

(2) 学会正确使用仪器。要在教师指导下熟悉和使用仪器,勤学好问,未经教师允许不得随意开动或关闭仪器,更不得随意旋转仪器旋钮、改变仪器工作参数等。详细了解仪器的性能,防止损坏仪器或发生安全事故。应始终保持实验室的整洁和安静。

(3) 在实验过程中,要认真地学习有关分析方法的基本技术。要细心观察实验现象,仔细记录实验条件和分析测试的原始数据;学会选择最佳实验条件;积极思考、勤于动手,培养良好的实验习惯和科学作风。

(4) 爱护实验的仪器设备。实验中如发现仪器工作不正常,应及时报告教师处理。每次实验结束,应将所用仪器复原,清洗好用过的器皿,整理好实验室。

(5) 认真写好实验报告。实验报告应简明扼要,图表清晰。实验报告的内容包括实验名称、完成日期、方法原理、仪器名称及型号、主要仪器的工作参数、主要实验步骤、实验数据或图谱、实验中出现的现象、实验数据分析和结果处理、问题讨论等。认真写好实验报告是提高实验教学质量的一个重要环节。

第二节　实验数据处理和结果的表达

一、评价分析方法和分析结果的基本指标

一种好的分析方法应该具有良好的检测能力,易获得可靠的测定结果,有广泛的适用性。此外,操作方法应尽可能简便。检测能力用检出限表征,测定结果的可靠性用准确度和精密度表示,适用性用标准曲线的线性范围和抗干扰能力来衡量。好的分析结果应该是随机误差小,又没有系统误差。随机误差影响测定结果的精密度,用标准偏差或相对标准偏差表征;系统误差影响测定结果的准确度,用误差或相对误差表征。获得一个同等精密度和准确度的分析结果,对不同的分析操作人员所花费的劳动是有差异的,所花费的劳动代价用测定次数表征。

(一) 检出限和灵敏度

分析方法的检出限是指能以适当的置信水平(通常取置信水平 99.7%)检测出待测组分的最低浓度或最小质量。检出限 LOD 由最低检测信号值与空白噪声计算,最低检出浓度和最小检出质量的单位分别用 $\mu g \cdot mL^{-1}$,$ng \cdot mL^{-1}$ 和 μg,ng,pg 表示。

$$LOD = \frac{X_L - \overline{X}_b}{S} = \frac{3s_b}{S} \qquad (2-1-1)$$

式中,X_L 是可被检测的最小分析信号值;$\overline{X}_b$ 是对空白进行多次测量所得空白信号平均值;s_b 为空白信号的标准偏差;S 是低浓度区标准曲线的斜率,它表示待测组分浓度改变一个单位时分析信号的变化程度,即分析方法的灵敏度。

在仪器分析中,分析方法的灵敏度直接依赖于检测器的灵敏度与仪器的放大倍数。随着灵敏度的提高,噪声也随之增大,而信噪比 S/N 和分析方法的检测能力不一定会改善和提高。如果只给出灵敏度,而不给出获得此灵敏度的仪器条件,则各分析方法之间的检测能力没有可比性。由于灵敏度没有考虑到测量噪声的影响,因此,现在已不用灵敏度而推荐用检出限来表征分析方法的检测能力。

(二) 准确度

准确度是指在一定实验条件下测定值 x 与真值或标准值 μ 符合的程度。它表征系统误差的大小,以误差或相对误差 E_r 表示。误差或相对误差越小,准确度越高。

$$E_r = \frac{x-\mu}{\mu} \times 100\% \qquad (2-1-2)$$

在实际工作中,通常用标准物质或标准方法进行对照试验,在无标准物质或标准方法时,常用加入待测定组分的纯物质进行回收试验来估计与确定准确度,即测定其回收率。值得注意的是,用回收率来估计测定的准确度,只适用于系统误差随浓度改变的情况。

在误差较小时,多次平行测定的平均值 $\bar{x}$ 接近于真值 μ,故在实际工作中常将 $\bar{x}$ 作为 μ 的估计值使用。

(三) 精密度

精密度是指使用同一方法,对同一试样进行多次平行测定所得测定值彼此间相符合的程度,表征测定过程中随机误差的大小,又称重复性,常用标准偏差 s 或相对标准偏差 s_r 表示,其数学表达式为

$$s = \sqrt{\frac{1}{n-1} \sum_{i=1}^{n} (x_i - \bar{x})^2} \qquad (2-1-3)$$

$$s_r = \frac{s}{\bar{x}} \times 100\% \qquad (2-1-4)$$

式中,x_i 是单次测定值,$\bar{x}$ 是 n 次测定的平均值;n 是重复测定次数。

(四) 适用性

分析方法的适用性,包括对测量组分含量或浓度的适用范围和对不同类型试样的适用性。含量或浓度的适用性用标准曲线的线性范围来衡量,线性范围越宽,适用性越好。试样类型的适用性,一般测定抗干扰能力,即加入不同的干扰物质,测定回收率,用回收率来表示分析方法的抗干扰能力和确定干扰物质所允许存在的量。在各种干扰物质之间不存在交互效应的情况下,可用这种方法来评价分析方法的抗干扰能力。

二、分析数据和结果的表达

(一) 测量值的读数与表达

在仪器分析中,一般都是仪器把与化学信息有关的原始信号转换成电信号,经放大,在显示仪表的刻度盘上用指针示值或扫描记录,或者用数字直接显示。为保证测量的准确性,对显示出的信号必须正确读数。

指针式显示仪表,如电表,读数时应把眼睛的视线通过指针与表盘的刻度线垂直,读取指针所对准的刻度值。扫描记录式显示仪器,如记录仪,则是通过记录笔的线位移记录信号大小,信号数值可以从记录纸上的印格读出,也可用米尺

测读。读数时,应该读出所显示的全部有效数字,它包括准确数和可疑数两部分。准确数是指仪表能被读出的最小分度值,可疑数是指最小分度值十分位的估计值。记录的数据与表示结果的数值所具有的精确度应与所使用的测量仪器和工具的精确度相一致。在数据处理时,应遵守有效数字的修约和运算规则。

(二) 分析数据和结果的表达

分析数据和分析结果的表示法主要有列表法、图解法和数学方程表示法,其基本要求是准确、清晰和便于应用。

1. 列表法

列表法是以表格形式表示数据,直观、简明,记录实验数据多用此法。列表需标明表名,表的纵列一般为试验编号或因变量,横列为自变量。行首或列首应写上名称及量纲。名称尽量用符号表示,单位的写法采用斜线制,如该列数据表示温度 T,则该列首应写成"T/K"。记录数据应符合有效数字的规定。书写时应整齐统一,小数点要上下对齐,以利于数据的比较分析。表中的某个数据需要特殊说明时,可在数据上作一标记,如加"*",在表的下方加注说明。

2. 图解法

将实验数据按自变量与因变量的对应关系绘成图形,能够把变量间的变化趋向更直观地显示出来,便于分析研究和从图上找出所需数据。在各种测量仪器中广泛使用记录仪直接获得测量图形,便于快速得到分析结果。常用的图解法有标准曲线法求未知物浓度、连续标准加入法作图外推求痕量组分含量、用滴定曲线的折点(一次微商的极大)求电位滴定的终点及用图解积分法求色谱峰面积等。正确绘制图形应注意以下几点:

(1) 坐标纸的选择。

一般情况下选用直角毫米坐标纸,有时也用对数和半对数坐标纸。电位法中连续标准加入法则要用特殊的格氏(Gran)计算图纸作图求解。

(2) 坐标标度的选择。

用 x 轴代表可严格控制的自变量(如浓度),y 轴代表因变量(仪器响应值)。坐标轴应标明名称和单位,单位的写法采用斜线制。坐标轴的分度要与使用仪器的精度一致,以便于从图上读取任一点的数据为原则。直角坐标的两个变量全部变化范围在两轴上表示的长度应该相近,以便正确反映图形特征,直线图应处在坐标分角线附近(45°)。常不必拘泥于以坐标原点作为分度的零点。若一张图上要绘几条曲线时,各组数据点应选用不同符号代表,如×、●、△等,需要标注时,尽量用简明的阿拉伯数字、字母标注。在图的下方标明图名和必要的图注。如果变量之间的关系为非线性的,则尽可能通过数据变换将其变为线性关系。

3. 数学方程表示法

在仪器分析中,绝大多数情况下都是相对测量,需用标准曲线进行定量分析,由于测量误差不可避免,所有的数据点都处在同一条直线上是不多见的。特别是测量误差较大时,用简单的方法很难绘出合理的标准曲线。这种情况下以数学方程表示法来描述自变量与因变量之间的关系较为妥当。

标准曲线是依据标准系列的浓度(或含量)和相应的响应信号测量值来绘制的。由于存在随机误差,即单次测量值(x 或 y)与 n 次测量平均值($\bar{x}$ 或 $\bar{y}$)存在平均偏差 $\bar{d}$。根据最小二乘法原理,研究因变量与自变量之间关系的方法称为回归分析。如果只有一个自变量,则称为一元线性回归分析法。设浓度分别为 $x_1, x_2, \cdots, x_i, \cdots, x_n$ 的标准系列,其响应信号的测量值为 $y_1, y_2, \cdots, y_i, \cdots, y_n$。如果各点对某一直线的偏差平方和 $\sum d^2$ 为最小或为零,则该直线即为最佳一元回归直线。根据这一原理,设一元线性方程:

$$y = bx + a \tag{2-1-5}$$

求解式(2-1-5)一元回归线性方程,得

$$b = \frac{\sum_{i=1}^{n}(x_i - \bar{x})(y_i - \bar{y})}{\sum_{i=1}^{n}(x_i - \bar{x})^2} \tag{2-1-6}$$

$$a = \bar{y} - b\bar{x} \tag{2-1-7}$$

其中,$\bar{x} = \sum_{i=1}^{n} x_i / n$,$\bar{y} = \sum_{i=1}^{n} y_i / n$。由式(2-1-5)和式(2-1-7)可知,当 $x = 0$ 时,$y = a$;当 $x = \bar{x}$ 时,$y = \bar{y}$。过 $(0, a)$ 和 $(\bar{x}, \bar{y})$ 两点在 x 浓度范围内作直线,此直线就是给定的数据组 (x_i, y_i) 所确定的一条最佳标准曲线。

判断此标准曲线线性关系是否成立,具有实际意义,可用相关系数 r 来检验,r 是表征变量之间相关程度的一个统计参数。

$$r = \pm \frac{\sum_{i=1}^{n}(x_i - \bar{x})(y_i - \bar{y})}{\left[\sum_{i=1}^{n}(x_i - \bar{x})^2 \sum_{i=1}^{n}(y_i - \bar{y})^2\right]^{1/2}} \tag{2-1-8}$$

r 值为 $+1 \sim -1$,当 $|r| = 1$ 时,y 与 x 之间存在着严格的线性关系,所有 y 值都在一条直线上;当 $r = 0$ 时,y 与 x 之间不存在线性关系;当 $0 < |r| < 1$ 时,y 与 x 之间有

一定的线性关系。$|r|$越接近 1，y 与 x 的相关性越好。

一元线性回归的计算可用 BASIC 语言编写的执行程序处理。详细说明参考有关书籍。

第三节 光谱分析仪器的结构及使用

一、UV-2450 型分光光度计

(一) 性能与结构

UV-2450 型分光光度计为双光束紫外-可见分光光度计，测试波长范围为 190~900 nm，可用于紫外和可见光区的分光光度测量。仪器使用光源为 50 W 卤钨灯和氘灯，内置光源位置自动调整机构，采用单一单色器，使用高性能闪耀全息衍射光栅，像差校正型却尔尼特尔纳装置。双光束分光光度计由单色器送出的光束被斩光镜（斩波器）分成等强度的两束光，交替通过试样吸收池和参比吸收池，然后再汇聚到检测系统的受光器上，通过电学系统的比较和放大，测定试样溶液的吸收值。双光束分光光度计减少了由于光源程序输出的不稳定或检测系统灵敏度的变化而导致的测量误差。

(二) 仪器操作步骤

1. 仪器开机

开启仪器（按钮在仪器左侧），打开计算机，双击"UVProbe"图标，打开仪器控制软件。

2. 仪器自检

点击"连接"后，仪器开始自检，15 min 左右自检完成，然后点击"确定"。

3. 吸收光谱的绘制

（1）方法设置。

在仪器工作界面上点击"光谱扫描"图标，将界面切换到光谱扫描（开机若是此界面，则无须切换），选择"编辑"—"方法"—"波长范围"，设置扫描的波长范围，在"开始"框和"结束"框中分别输入相应的波长值，其他参数选仪器默认值，然后点击"确定"。

（2）基线校正。

绘制吸收曲线之前要进行基线校正，参比和待测比色皿中都装入空白试样（试样体积为比色皿的 3/4），将比色皿表面擦拭干净后，放入吸收池中（靠近里面的吸收池放置参比比色皿），盖好仪器盖，然后点击"基线"按钮，开始基线校正，待界面下方控制按钮全部变亮后，表明基线校正完成，即可进行下一步操作。

(3) 吸收光谱绘制。

基线校正完成后,参比池保持不变,试样池换为待测试样,点击"开始"按钮,进行吸收曲线的绘制。控制按钮全部变亮后表明吸收曲线绘制完成。点击"操作"—"峰值检测",即可查看最大吸收波长 λ_{max}。

4. 标准曲线的绘制及未知样的测定

(1) 标准曲线的绘制。

在仪器工作界面上点击"光度测定"图标将界面切换到光度测定界面,选择"文件"—"新建"—"编辑"—"方法",建立测定方法,输入 λ_{max},其余参数为系统默认值,点击"完成",出现"光度测定方法"窗口,点击"关闭",即可开始测定试样。在标准表中输入"试样 ID"和"浓度值",点击"读取",2 s 后会显示吸光度值,依次将所有标样测定完,系统会显示标准曲线。

(2) 未知试样的测定。

将界面转换到试样表,在试样表中输入"试样 ID",点击"读取",测出未知样的吸光度值和相应浓度值。

5. 关闭仪器

点击"断开",然后关闭窗口,关闭计算机,关闭仪器开关。

(三) 注意事项

(1) 在仪器进行自检时,不要对仪器进行任何操作。

(2) 在基线校正时,确保试样和参比光束上无任何障碍物,并且试样池中无试样。

(3) 更换试样时比色皿需用待测溶液润洗 2~3 次,且避免液滴洒在仪器上,造成仪器污染。

二、Nexus 470 型傅里叶变换红外光谱仪

(一) 性能与结构

Nexus 470 型傅里叶变换红外(FT-IR)光谱仪的测定光谱范围为 350~4 000 cm^{-1},波数精度优于 0.01 cm^{-1},分辨率优于 0.1 cm^{-1},标准线性度优于 0.07%,信噪比优于 45 000∶1。可用于有机物官能团鉴定、分子结构推断及定量分析,固、液试样均可测试。

(二) FT-IR 原理

FT-IR 光谱仪没有色散元件,主要由光源(硅碳棒、高压汞灯)、Michelson 干涉仪、检测器和计算机系统组成。其工作原理是将光源发出的红外辐射,经干涉仪转变成干涉图,通过试样后得到含试样信息的干涉图,由计算机采集,并经过快速傅里叶变换,得到吸收强度或透光度随频率或波数变化的红外光谱图。

仪器的核心部分是 Michelson 干涉仪,其光路示意图如图 2-1-1 所示。M_1 和 M_2 为两块平面镜,它们相互垂直放置,M_1 固定不动,M_2 则可沿图示方向做微小的移动,称为动镜。在两镜轴线交叉处放置一呈 45°的半透膜光束分裂器 BS(beam-splitter),可使 50% 的入射光透过,其余部分被反射。当光源发出的入射光进入干涉仪后就被 BS 分成两束光——透射光 1 和反射光 2,其中透射光 1 穿过 BS 被动镜反射,沿原路回到 BS 并被反射到达检测器 D,反射光 2 则由 M_1 沿原路反射回来通过 BS 到达检测器 D。这样,在检测器 D 上所得到的光 1 和光 2 是相干光。光 1 和光 2 的光程差为波长的整数倍时,为相长干涉;分数倍时为相消干涉。动镜连续移动即可获得干涉图。

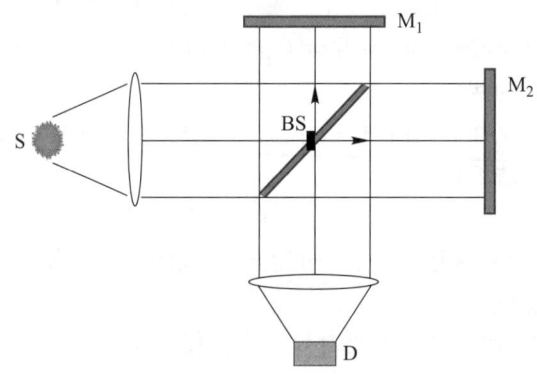

图 2-1-1 Michelson 干涉仪的光路示意图

(三)仪器操作步骤

1. 开机

首先打开仪器的外置电源,稳定 30 min,使仪器能量达到最佳状态。开启计算机,打开仪器操作平台 OMNIC 软件。

2. 仪器参数设置

点击"Collect"—"Experiment setup",对实验参数进行设置。

3. 红外光谱图的扫描

将制好的 KBr 薄片轻轻放在锁式试样架内,插入试样池并拉紧盖子,在软件设置好的模式和参数下测试红外光谱图。先后采集试样信号和背景信号,随后获得经傅里叶变换的红外光谱图。

4. 红外光谱图的处理

(1) 自动基线校正。

点击 "Process"—"Absorbance"—"Process"—"Automatic baseline"—"Correct"—"Process"—"Transmittance",进行自动基线校正。

(2) 自动标峰。

点击"Analyse"—"Find peaks",将参考线点在适当的位置,使基团特征频率区的峰都在参考线之下,然后点击"Replace"。

(3) 手动标峰。

点击屏幕下方工具栏 T 形按钮可以对上一步中漏标的峰进行标注,并将堆叠在一起的峰拖开。

(4) 根据需要,打印或者保存红外光谱图。

5. 关机

先关闭 OMNIC 软件,再关闭计算机和仪器电源。

(四) 注意事项

(1) 为防止仪器受潮而影响使用寿命,红外实验室应保持干燥(相对湿度应在 65% 以下)。

(2) 红外分光光度计需预热 1 h 以上方可使用,让系统处于稳定状态有利于提高实验结果的准确性。

三、F-7000 型荧光光谱仪

(一) 性能与结构

F-7000 型荧光光谱仪以氙灯为光源,发射 200~900 nm 波长范围的连续光谱,可用于荧光、磷光和生物/化学发光的测定。具有高灵敏度、快速的波长扫描,实用的预扫描功能,独特的光栅和水平狭缝光路设计,适用于高灵敏度的荧光痕量分析。其基本结构如图 2-1-2 所示。

(二) 操作规程

1. 仪器预热

插上电源插头,打开仪器电源开关"Power",约 5 s 后主机右上方黄色"Xe Lamp"指示灯亮起,随后黄色"Run"指示灯亮起,预热 20 min。

2. 荧光发射光谱扫描

打开计算机,双击桌面"FL Solution"图标,进入仪器操作界面。点击右侧快捷栏"Method"按钮,显示出"Analysis Method"对话框,对话框中包含五个选项卡,分别为"常规"(General)、"仪器条件"(Instrument)、"监视界面"(Monitor)、"处理"(Processing)和"报告"(Report)。

(1) General 项下,Measurement 项选"Wavelength scan",选中左下方"Use sample table"前方的复选框。

(2) Instrument 项下,Scan mode 项选"Emission",Data mode 项选"Fluorescence",在下方的 EX WL 文本框中输入激发波长数值,EM Start WL 文本框中输

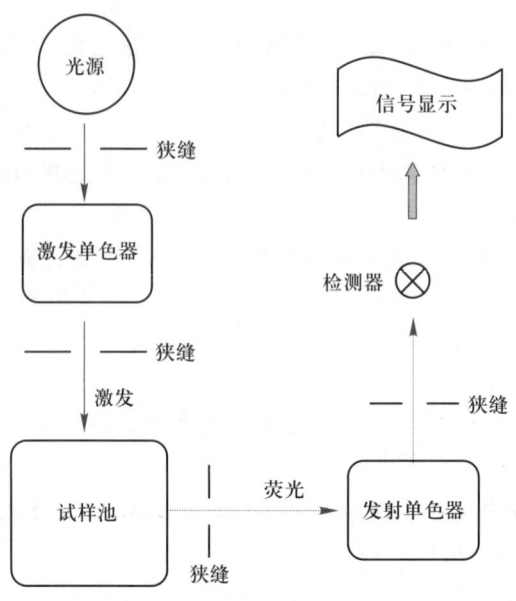

图 2-1-2　F-7000 型荧光光谱仪基本结构示意图

入发射波长扫描范围的最小数值,EM End WL 文本框中输入发射波长扫描范围的最大数值。右侧上方的 EX Slit,EM Slit,PMT Voltage 三个选项中分别输入激发光与发射光的狭缝宽度和相应的光电倍增管电压值,光电倍增管电压值设置用于调节灵敏度,剩余选项使用默认值。

（3）Monitor 项下使用默认值,Processing 项下可以根据用户对图谱的要求进行选择性处理,Report 项下是报告打印相关内容。

参数设好之后,如果要保存该方法,则回到 General 项下,点击右侧的 Save 或 Save as。在设定仪器参数之前如果要调出已保存过的仪器方法则可按 Load 按钮。设定完所有参数之后,点击确定。

3. 荧光激发光谱扫描

在"Analysis Method"对话框中,设定如下：

（1）General 项下,Measurement 项选"Wavelength scan",选中左下方"Use sample table"前方的复选框。

（2）Instrument 项下,Scan mode 项选"Excitation",Data mode 项选"Fluorescence",在下方的 EM WL 文本框中输入发射波长数值,EX Start WL 文本框中输入激发波长扫描范围的最小数值,EX End WL 文本框中输入激发波长扫描范围的最大数值。右侧上方的 EX Slit,EM Slit,PMT Voltage 三个选项中分别输入激发光与发射光的狭缝宽度和相应的光电倍增管电压值,光电倍增管电压值设置用于调节灵敏度,剩余选项使用默认值。

(3) Monitor 项下使用默认值,Processing 项下可以根据用户对图谱的要求进行选择性处理,Report 项下是报告打印相关内容。

参数设好之后,如果要保存该方法,则回到 General 项下,点击右侧的 Save 或 Save as。在设定仪器参数之前如果要调出已保存过的仪器方法则可按 Load 按钮。设定完所有参数之后,点击确定。

4. 测荧光光度值

在"Analysis Method"对话框中,设定如下:

(1) General 项下,Measurement 项选"Photometry",选中左下方"Use sample table"前方的复选框。

(2) Quantitation 项下,Quantitation 项的下拉框中选"Wavelength",在 Calibration 项下选择标准曲线的函数类型,在 Number of wavelengths 项下选择波长数量,在 Concentration 项下设置浓度单位。

(3) Instrument 项下,Data mode 项选"Fluorescence",Wavelength 项选"Both WL Fixed",在 EX 与 EM 项下设置激发光与发射光的波长。在右侧上方的 EX Slit,EM Slit,PMT Voltage 三个选项中分别输入激发光与发射光的狭缝宽度和相应的光电倍增管电压值,用于调节灵敏度。

(4) Monitor 项下使用默认值,Report 项下是报告打印相关内容。

参数设好之后,如果要保存该方法,则回到 General 项下,点击右侧的 Save 或 Save as。在设定仪器参数之前如果要调出已保存过的仪器方法则可按 Load 按钮。设定完所有参数之后,点击确定。

5. 设定试样参数

点击右侧快捷栏"Sample"按钮,设定要测定的试样数量及实验数据存储路径,点击 OK 键。

6. 测定

点击右侧快捷栏"Measure"按钮之后按提示操作即可,结果即在测定数据窗口中自动显示。

7. 关机

退出软件,显示"FL Solution-Close Monitor"对话框,选择"Close the lamp"关闭氙灯,10 min 之后再关闭仪器主机"Power"开关,目的是仅让风扇工作(使灯室散热)。

(三) 注意事项

(1) 开仪器主机时,应该在仪器右上方"Run"指示灯亮起后再打开 FL Solution 软件,否则会联机失败。

(2)光谱仪的内部使用了高压电路,为了防止电击,在操作时,不要打开盖子。

四、iCAP 6300 型原子发射光谱仪

(一)性能与结构

iCAP 6300 是使用中阶梯光栅分光元件及电荷注入式装置(CID)固态检测器的 ICP-AES 全谱直读光谱仪。它的基本组成包括:供气和进样系统、高频发生器、ICP 炬管、耦合线圈、分光系统、检测系统、计算机控制及数据处理系统。图 2-1-3 为 ICP-AES 全谱直读光谱仪结构示意图。

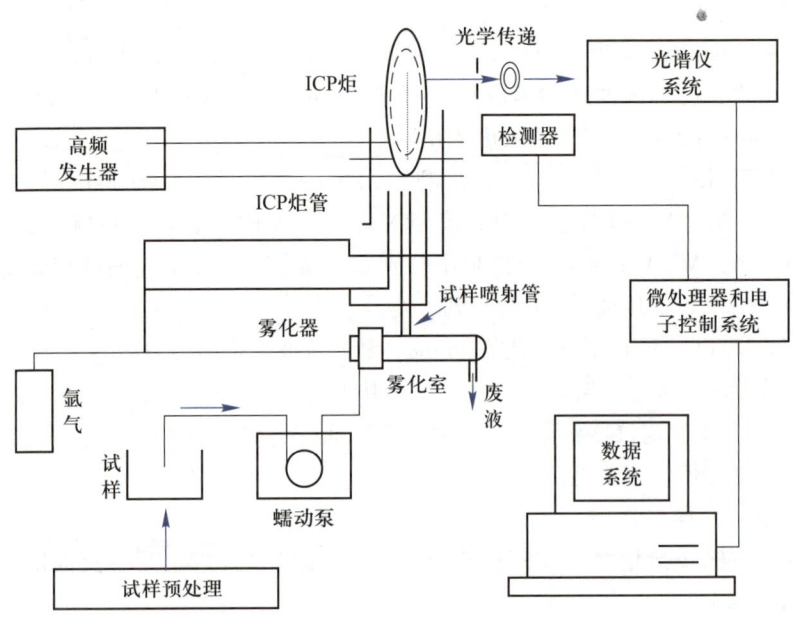

图 2-1-3　ICP-AES 全谱直读光谱仪结构示意图

(二)操作步骤

1. 开机预热

(1)确认有足够的氩气用于连续工作。

(2)确认废液收集桶有足够的空间用于收集废液。

(3)打开稳压电源开关,检查电源是否稳定,观察约 1 min。

(4)打开氩气并调节分压在 0.60~0.65 MPa。保证仪器驱气 1 h 以上。

(5)打开计算机。

(6)若仪器处于停机状态,打开主机电源。仪器开始预热。

(7) 待仪器自检完成后,双击"iTEVA"图标,启动 iTEVA 软件,进入操作软件主界面,仪器开始初始化。检查联机通信情况。

(若仪器一直处于开机状态,则应保持计算机同时处于开机状态。)

2. 编辑分析方法

(1) 选择元素及谱线。

(2) 设置参数。

(3) 设置工作曲线参数。

3. 点燃 ICP 炬

(1) 再次确认氩气储量和压力,并确保驱气时间大于 1 h,以防止 CID 检测器结霜,造成 CID 检测器损坏。

(2) 光室温度稳定在 $(38±0.2)$ ℃。CID 温度小于 -40 ℃。

(3) 检查并确认进样系统(炬管、雾化室、雾化器、泵管等)是否正确安装。

(4) 夹好蠕动泵夹,把试样管放入蒸馏水中。

(5) 开启通风。

(6) 开启循环冷却水。

(7) 打开 iTEVA 软件中"等离子状态"对话框,查看连锁保护是否正常,若有红灯警示,需做相应检查,若一切正常则点击"等离子体开启",点燃 ICP 炬。

(8) 待等离子体稳定 15 min 后,即可开始测定试样。

4. 绘制标准曲线并分析试样

5. 关闭 ICP 炬

(1) 分析完毕后,将进样管放入蒸馏水中冲洗进样系统 10 min。

(2) 在"等离子状态"对话框,点击"等离子关闭",关闭 ICP 炬。

(3) 关闭 ICP 炬 5~10 min 后,关闭循环水,松开泵夹及泵管,将进样管从蒸馏水中取出。

(4) 关闭排风。

(5) 待 CID 温度升至 20 ℃以上时,驱气 20 min 后,关闭氩气。

五、TAS-990 型原子吸收分光光度计

(一) 性能与结构

TAS-990 型原子吸收分光光度计是单道单光束型原子吸收光谱仪,其结构简单,操作方便,能满足一般分析的基本要求。仪器主要由光源、原子化器、分光系统和检测系统组成。TAS-990 型原子吸收分光光度计光学系统如图 2-1-4 所示。

(二) 操作步骤

(1) 接通电源,打开计算机。

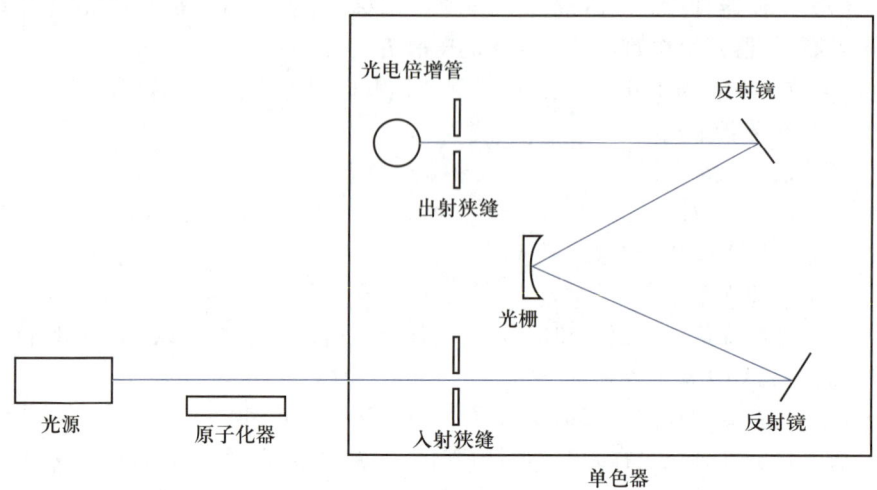

图 2-1-4 TAS-990 型原子吸收分光光度计光学系统

(2) 安装空心阴极灯。
(3) 打开主机电源。
(4) 打开操作软件,仪器初始化。
(5) 设置实验条件,执行寻峰操作。
(6) 检查排水装置。
(7) 开空气压缩机,调节出口压力为 0.22 MPa。
(8) 开乙炔钢瓶,调出口压力为 0.05 MPa。
(9) 点火,待火焰稳定后测定试样。
(10) 结束工作,按相反顺序关机。

(三) 注意事项

(1) 点火时排风装置必须打开,操作人员应位于仪器正面左侧执行点火操作,且仪器右侧及后方不能有人,点火之后不能关闭空气压缩机。
(2) 火焰法熄火时一定要最先关乙炔,待火焰自然熄灭后再关空气压缩机。

六、AFS-830 型原子荧光光度计

(一) 性能与结构

原子荧光光度计分为色散型和非色散型。色散型仪器主要部件包括光源、原子化器、单色器和检测器等。非色散型仪器主要包括光源、原子化器和检测器等。在原子荧光光度计中,为了避免发射光谱对荧光信号的干扰,将光源与检测器置于相互垂直的位置。原子荧光光度计的结构如图 2-1-5 所示。

第一章 仪器分析实验基本知识

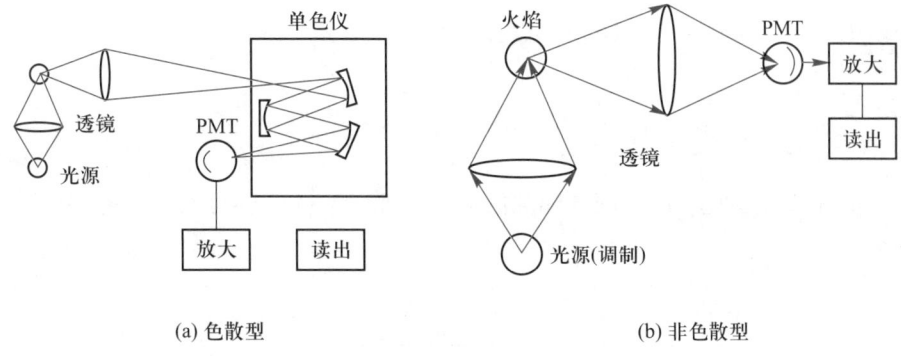

(a) 色散型　　　　　　　　　　(b) 非色散型

图 2-1-5　色散型和非色散型原子荧光光度计结构示意图

(二) 操作步骤

1. 开机顺序

打开通风系统,检查仪器是否水封;打开氩气钢瓶总阀和减压阀,调节压力为 0.2~0.3 MPa;打开主机和计算机电源,开启间歇泵电源,双击 AFS-830 程序图标,进入 AFS 操作软件,仪器自检完成后进入测量主菜单。

2. 测量步骤

(1) 点击"元素表",完成元素灯识别选择。

(2) 点击"仪器条件"和"测量条件",进行仪器条件和测量条件的设置。

(3) 点击"间歇泵",设置间歇泵程序为仪器默认值。

(4) 点击"标准系列",分别在 A 道或 B 道输入标准试样的浓度,之后再选定每个标样的位置。

(5) 点击"试样参数",进行试样参数设置,其中"添加试样"中"起始编号"即为试样的编号。

(6) 点击"点火",点燃火焰,观察元素灯是否点亮。

(7) 点击"测量窗口",进行标准溶液和试样溶液的测定。

(8) 测量完成后,将还原液及载流液均换成二次水,冲洗仪器 30 min。

3. 关机顺序

点击"熄火"熄灭火焰,退出操作软件,依次关闭间歇泵电源、主机电源和计算机,关闭氩气,最后关闭通风系统。

第四节　电化学分析仪器的结构及使用

一、pHS-2 型酸度计

pHS-2 型酸度计的面板功能如图 2-1-6 所示。本仪器可用于测量 pH 和电动势（毫伏）。

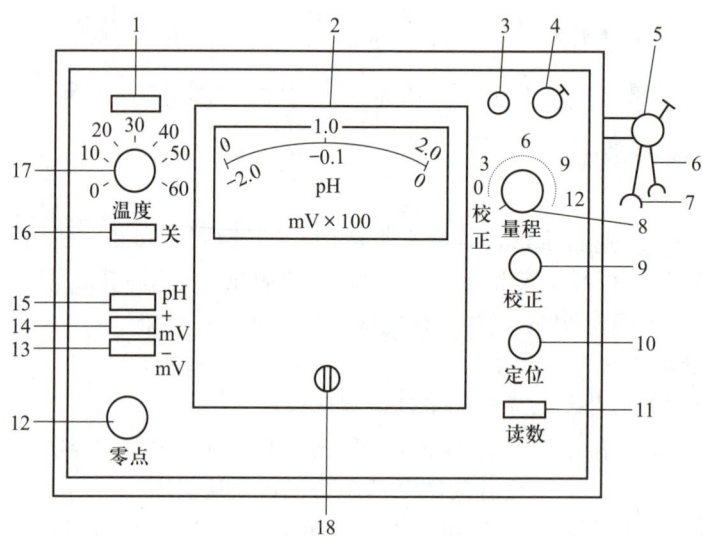

1—指示灯；2—读数电表；3—甘汞电极接线柱；4—玻璃电极插孔；5—电极夹固紧螺钉；
6—玻璃电极夹；7—甘汞电极夹；8—量程选择开关；9—校正旋钮；10—定位旋钮；
11—读数开关；12—零点调节旋钮；13—-mV 按键；14—+mV 按键；15—pH 按键；
16—电源开关按键；17—温度补偿旋钮；18—电表调零螺丝

图 2-1-6　pHS-2 型酸度计的面板功能图

（一）测量电动势（+mV）的操作

1. 预热

接通电源，根据电极的连接情况，按下 +mV 按键（14），将量程选择开关 8 旋至"0"处，用零点调节旋钮 12 使电表指针指在表头 pH"1"处。

2. 校正

将量程选择开关 8 旋至"校正"位置，调节校正旋钮 9，使指针指在 pH"2"处，再将量程选择开关 8 旋至"0"处，完成校正工作，反复校正 2~3 次。

3. 测量

拔出负极插头,按下读数开关11,调节定位旋钮10使指针指在刻度"0"处,将玻璃电极和参比电极插入溶液中,调节量程选择开关8,使指针指在刻度范围内,按下读数开关11,此时电表读数乘100加上量程选择开关8所指的读数乘100即为所测电动势值(mV)。

pH玻璃电极和饱和甘汞电极如图2-1-7和图2-1-8所示。

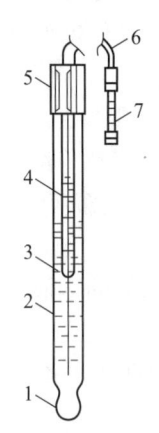
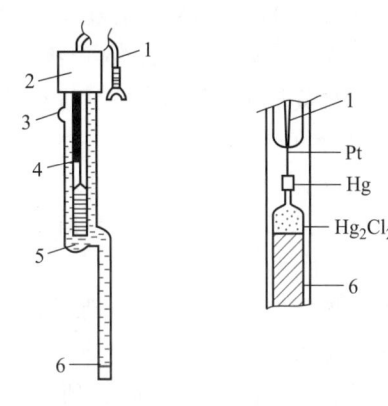

1—玻璃膜;2—玻璃外壳;
3—0.1 mol·L^{-1}HCl溶液;
4—银-氯化银电极;5—绝缘套;
6—电极引线;7—电极插头

图2-1-7　pH玻璃电极

(a) 232型饱和甘汞电极　　(b) 内部电极结构

1—导线;2—绝缘帽;3—加液口;
4—内部电极;5—饱和KCl溶液;
6—多孔性物质

图2-1-8　饱和甘汞电极

(二)测量电动势(-mV)的操作

电极的接法同+mV的测量。按下-mV按键13,校正方法同+mV的操作,不同的是拔出负极插头后,调节定位旋钮10使电表指针在右边"0"处(-mV在下列刻度读数),测量时依上法读数,所得结果为-mV值。

(三)溶液pH测定操作

1. 安装电极

将玻璃电极插头插入玻璃电极插孔4,甘汞电极引线接在甘汞电极接线柱3上。安装玻璃电极时,下端玻璃球泡必须比甘汞电极陶瓷芯端稍高些,以免被碰破。

2. 预热

接通电源,按下pH按键15,指示灯1亮,预热0.5 h左右。

3. 校正

将温度补偿旋钮17旋至待测溶液的温度值处。拔出玻璃电极插头,将量程选择开关 8 旋至 6，调节零点调节旋钮 12 使指针指在 pH 为 1 处，转动校正旋钮 9，使指针指在 pH 为 2 的位置，如此重复上述调节至校正好为止（一般 2~3 次）。

4. 定位

将量程选择开关 8 旋至适当位置，其值为标准缓冲溶液的 pH 减 2。在小烧杯中加入标准缓冲溶液，在待测溶液与标准缓冲溶液温度相同的情况下，查出该温度下的标准溶液的 pH。把参比电极及玻璃电极浸入溶液中，轻轻摇动烧杯，按下读数开关 11，调节定位旋钮 10 使指针指在标准缓冲溶液的 pH 的数值。放开读数开关 11，撤去溶液，淋洗电极。此时应特别注意当定位工作结束后，不得再转动定位旋钮 10，否则应重新进行校正。

5. 测量

将电极浸入待测试液中，按下读数开关 11，轻轻摇动烧杯，调节量程选择开关 8 至能读出指示值，选择开关的指示值加上指针的指示值即为待测溶液的 pH。

（四）注意事项

（1）玻璃电极的插口必须保持清洁，不使用时应将电极插头插入，以防止灰尘及湿气进入。

（2）甘汞电极在使用时，必须注意内电极和陶瓷芯之间是否有气泡停留，如有气泡则必须排除。

（3）若玻璃电极球泡有裂纹或老化，则应调换新的电极。新电极在使用前需要用蒸馏水浸泡 24 h。

（4）当玻璃电极插口中已插入电极插头，而电极未浸入溶液；或未插入电极插头，但按住 pH 挡，而量程选择开关不是在 6 处；或按住 mV 挡，而量程选择开关不是在 0 处的情况下，绝对不要按下读数开关，否则会出现指针打针现象。

二、ZDJ-4A 型自动电位滴定仪

ZDJ-4A 型自动电位滴定仪结构如图 2-1-9 所示。

（一）准备工作

1. 仪器的开机

打开电源开关，仪器将显示仪器型号、名称及软件版本等信息，完成自检后稍等，仪器自动进入起始状态。

2. 仪器的参数设置

仪器的参数设置包括设置系统时间、设置操作者编号、设置滴定管类型、设置滴定管系数、设置搅拌器速度、设置手动温度，以及校正电位零点值等。

3. 电极标定

pH 复合电极在不同的使用环境下或者在长时间未使用时都有一定的漂移，

第一章　仪器分析实验基本知识　109

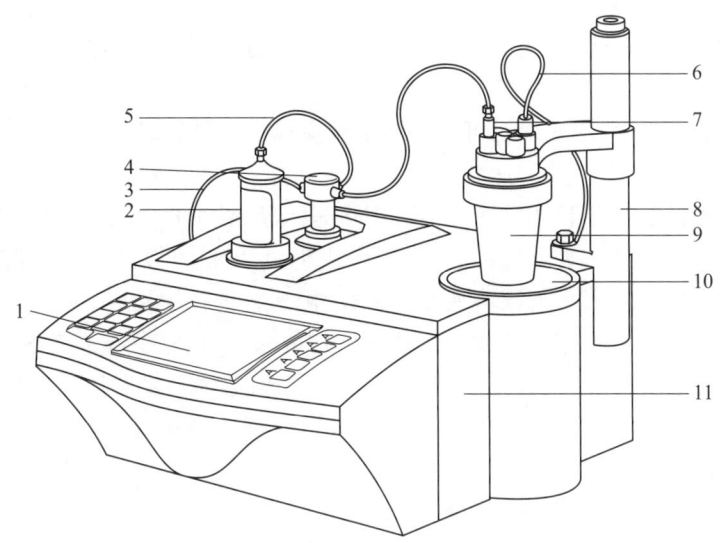

1—操作面；2—滴定管装置；3—进液管；4—三通阀门；5—阀门与滴定管的连接管；
6—传感器；7—毛细滴管；8—电极架；9—溶液杯；10—下搅拌器；11—主机

图2-1-9　ZDJ-4A型自动电位滴定仪正面示意图

导致电极斜率、零点不同，需要使用标准缓冲溶液重新标定。

一点标定是采用一种pH标准缓冲溶液对电极系统进行标定，用于自动校准仪器的定位值。仪器把pH复合电极的百分斜率作为100%，在测量精度要求不高的情况下，可采用此方法。两点标定是为了提高pH的测量精度，其含义是选用两种pH标准缓冲溶液对电极系统进行标定，测得pH复合电极的实际百分斜率和定位值。仪器最多支持两点标定。

标定的基本操作步骤如下：

（1）准备1～2种标准缓冲溶液。

（2）将pH复合电极及温度电极插入仪器的相应测量电极插座内。

（3）在仪器的起始状态下，按"标定"键并确认后即可进入标定状态。

（4）将pH复合电极及温度电极用蒸馏水清洗干净，放入任意pH标准缓冲溶液中。

（5）仪器显示测量的pH、电位值、温度值，以及当前的识别模式、自动识别出来的标称值。

（6）当显示的pH读数趋于稳定后，按"确认"键，仪器存储标定数据，并提示用户是否继续标定。此时，用户按"取消"键即可结束标定，则一点标定结束并返回起始状态。如果按确认键，则仪器进入两点标定状态。

（7）重复前面的步骤，将 pH 复合电极及温度电极用蒸馏水清洗干净，放入另一种 pH 标准缓冲溶液中。等读数稳定后，按确认键，仪器存储标定结果，退出标定。

在标定过程中，用户随时可按取消键结束标定，返回起始状态。

4. 清洗

在仪器起始状态下，按"清洗"键，即可进入清洗功能，显示屏中数字表示需要清洗的次数。仪器支持"高、低"两种清洗速度，用户可以选择，一般情况清洗速度建议选择"高速"。如果溶液黏度较大，则建议选择"低速"。

此时，按"++"键或"--"键可以逐次增加或减少清洗次数（或者按"设置"键直接键入清洗次数）。设置完毕，按"确认"键开始清洗。仪器清洗完毕，自动返回起始状态。在仪器清洗过程中，可随时按"终止"键终止清洗。

5. 补液

在仪器起始状态下，按"补液"键并确认后即可开始补液。补液完毕，仪器自动返回起始状态。在仪器的补液过程中，可以随时按"终止"键终止补液。每次滴定结束，仪器也会自动执行补液过程。

（二）滴定功能

1. 滴定模式介绍

本仪器支持以下几种滴定模式：动态滴定模式、预设终点滴定模式、等量滴定模式、模式滴定模式、手动滴定模式等。其中，动态滴定模式是仪器的主要滴定模式之一，对于不确定、不熟悉的滴定体系，首先使用的就是动态滴定模式，可以帮助操作者寻找、分析滴定过程。手动滴定模式需要操作者在滴定过程中，自己参与添加溶液、判断添加后电位的稳定、下一次添加量的大小等工作。

2. 滴定操作步骤

（1）在仪器起始状态下，按"滴定"键选择相应的滴定项并确认后，即可开始滴定。

（2）设置动态滴定参数，包括：滴定类型、最多 5 个终点的控制参数、预加体积、结束体积、最小添加体积、滴定剂浓度、试样体积、搅拌速度、滴定速度等。

（3）修改完毕，按"确认"键，仪器即开始滴定。

（4）对于动态滴定过程，仪器将自动进行采样、溶液的添加、终点的判断等过程，当仪器找到一个滴定终点后，会鸣叫三声，提醒用户，并显示出终点对应的体积值、电位值（或 pH）。仪器找到一个终点后，并不会停止下来，而是继续滴定下去，寻找下一个终点。如果用户认为所有终点已找到，则可按终止键，终止滴定。如果仪器找到终点，则仪器将显示滴定结果，包括滴定的终点数，以及相应终点对应的滴定消耗体积、终点电位、试样浓度等。

(5) 对于手动滴定过程,按"设置"键可以设置下一次的添加量,按添加键将添加设置好的体积量。仪器在添加完设置好的体积量后,仍然等待用户的进一步操作,如此循环,直到用户终止等待或者达到设定好的结束体积为止。在添加过程中,用户应等待仪器显示的电位或 pH 稳定后再继续添加下一次体积量,以保证仪器采样的准确,自动找出终点来。仪器一旦找到一个终点,就会在显示屏提示终点对应的消耗体积量和终点电位(或 pH)。

(6) 滴定结束后,用户可以存储滴定、打印输出结果,或者生成专用模式。

(三) 结束工作

将电极从溶液中取出并清洗,蒸馏水清洗导管,关闭仪器,实验完毕。

三、CHI 660D 电化学工作站

(一) 性能与结构

CHI 660D 电化学工作站为通用电化学测量系统,内含快速数字信号发生器、高速数据采集系统、电位电流信号滤波器、多级信号增益、iR 降补偿电路,以及恒电位仪/恒电流仪。电位范围为 10 V,电流范围为 250 mA。电流测量下限低至 50 pA。可直接用于超微电极上的稳态电流测量。

CHI 660D 电化学工作站集成了几乎所有常用的电化学测量技术,包括恒电位、恒电流、电位扫描、电流扫描、电位阶跃、电流阶跃、脉冲、方波、交流伏安法、流体力学调制伏安法、库仑法、电位法,以及交流阻抗等。不同实验技术间的切换十分方便。图 2-1-10 是 CHI 660D 电化学工作站的实物图。

图 2-1-10　CHI660D 电化学工作站的实物图

(二) 操作规程

将电极夹头夹到实际电解池上,设定实验技术和参数后,便可进行实验。实验中如果需要电位保持或暂停扫描(仅对伏安法而言),可用 Control 菜单中的 Pause/Resume 命令。此命令在工具栏上有对应的键。如果需要继续扫描,可再按一次该键。对于循环伏安法,如果临时需要改变电位扫描极性,则可用 Reverse(反向)命令,在工具栏也有相应的键。若要停止实验,则可用 Stop(停

止)命令或按工具栏上相应的键。如果实验过程中发现电流溢出(Overflow,经常表现为电流突然成为一水平直线或得到警告),则可停止实验,在参数设定命令中重设灵敏度(sensitivity)。数值越小越灵敏("1.0e-006"要比"1.0e-005"灵敏)。如果溢出,则应将灵敏度调低(数值调大)。灵敏度的设置以尽可能灵敏而又不溢出为准。如果灵敏度太低,虽不致溢出,但由于电流转换成的电压信号太弱,模数转换器只用了其满量程的很小一部分,则数据的分辨率会很差,且相对噪声增大。对于600和700系列的仪器,在CV(循环伏安法)扫速低于0.01 V/s时,参数设定时可设自动灵敏度控制(Auto Sens)。此外,TAFEL图、BE控制电位电解和IMP(交流阻抗测量)都是自动灵敏度控制的。实验结束后,可执行Graphics菜单中的Present Data Plot命令进行数据显示,这时实验参数和结果(如峰高、峰电位和峰面积等)都会在图的右边显示出来,可做各种显示和数据处理。很多实验数据可以用不同的方式显示。在Graphics菜单的Graph Option命令中可找到数据显示方式的控制,如CV可允许选择任意段的数据显示,CC(计时电量法)可允许Q-t或Q-$t^{1/2}$的显示,ACV(交流伏安法)可选择绝对值电流或相敏电流(任意相位角设定),SWV(方波伏安法)可显示正反向或差值电流,IMP可显示波德图或奈奎斯特图,等等。

要存储实验数据,可执行File菜单中的Save As命令。文件总是以二进制(binary)的格式储存,用户需要输入文件名,但不必加".bin"的文件类型。如果忘了存数据,下次实验或读入其他文件时会将当前数据抹去,若要防止此类事情发生,可在Setup菜单的System命令中选择Present Data Override Warning。这样,以后每次实验前或读入文件前都会给出警告(如果当前数据尚未存的话)。

第五节 色谱分析仪器的结构及使用

一、GC-2010 plus 气相色谱仪

(一)仪器组成

气相色谱仪由气路系统、进样系统、分离系统、温控系统和检测记录系统组成。载气由高压钢瓶中流出,经减压阀降压到所需压力后,通过净化干燥管使载气净化,再经稳压阀和转子流量计后,以稳定的压力、恒定的速度流经汽化室与汽化的试样混合,将试样气体带入色谱柱中进行分离。分离后的各组分随着载气先后流入检测器,然后载气放空。检测器将物质的浓度或质量的变化转变为一定的电信号,经放大后在记录仪上记录下来,就得到色谱流出曲线。其工作流程如图2-1-11所示。

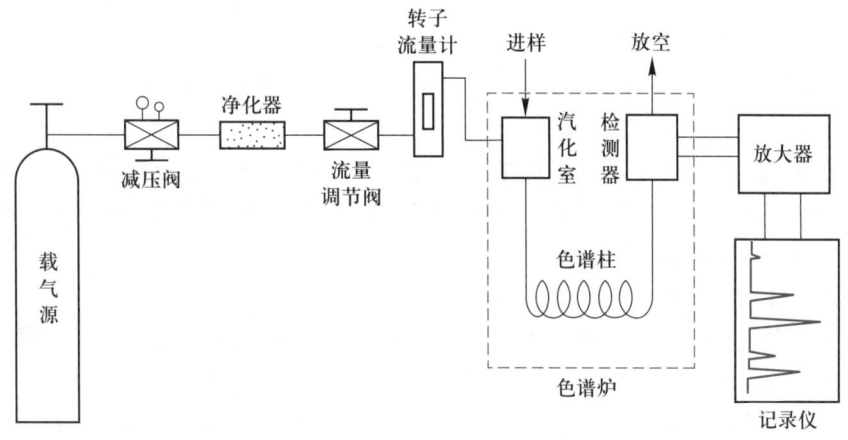

图 2-1-11　气相色谱仪工作流程图

根据色谱流出曲线上得到的每个峰的保留时间,可以进行定性分析,根据峰面积或峰高的大小,可以进行定量分析。

(二) 操作步骤

1. 开机步骤

(1) 打开气源,载气(N_2/He):0.3 MPa;H_2:0.2~0.3 MPa;空气:0.3~0.4 MPa。

(2) 打开气相色谱仪、计算机的电源。

(3) 在计算机桌面上打开 Real Time Analysis 快捷键,进入实时分析窗口。

(4) 打开 System Configuration 进行自动进样器、进样口、色谱柱、检测器的配置,在此窗口需设置载气、尾吹气种类;柱参数(柱长、内径、膜厚、最高使用温度)输入及色谱柱的选择;试样瓶(4 mL,1.5 mL)、进样针(10 μL,50 μL,250 μL)大小的选择。设定完毕,回到 System Configuration 窗口,点击 SET 键确认。

(5) 仪器参数的设定:先设柱温(可做程序升温),再设定进样口温度、柱流量及分流比、检测器温度、H_2 和空气流量。(通常 H_2 47 mL·min^{-1},空气 400 mL·min^{-1}。)

(6) 用鼠标点 File 菜单找到 Save Method File As,输入想保存的方法文件名(如果硬件配置相同的话,则可以直接调用此方法)。

(7) 如沿用上次关机前的配置,可直接在步骤(3)的窗口下用鼠标点 File 菜单找到 Open Method File 打开需要的方法文件名。

(8) 点击 Download Parameters,再点击 System On。

(9) 等 FID 检测器温度升到 160 ℃ 以上时,点击 Flame On 点火。

(10) 等仪器稳定后,进行 Slope Test,出现对话框点 OK 即可。

（11）没配备自动进样器的直接点 Single Run—Sample Login，出现试样注册对话框，试样名、数据文件名、试样质量等输完后，点确定键。再点一下 Start 键，等数据采集窗口上面出现 Ready(Standby) 之后，即可进样，再按 GC Start 键进行数据采集。

（12）配备自动进样器的直接点 Batch Processing 进行批处理编写，批处理必须要输入试样瓶号、试样名称、试样类型、方法文件、数据文件，保存批处理文件。点 Start 键即可自动运行。

2. 关机步骤

（1）点一下 System Off，等柱温低于 50 ℃，检测器温度低于 100 ℃ 以后，退出 Real Time Analysis 窗口，关闭计算机。

（2）关闭 H_2 和空气，等柱温、进样口和检测器温度降至室温后关闭载气（N_2/He）。

（3）关闭气相色谱仪电源开关。

3. 操作注意事项

（1）H_2 比较危险，一定要经常检漏，不用时要立即关上。

（2）柱子要老化后再接上检测器，以免流失造成堵塞喷嘴。

（3）不使用的检测器、进样口最好在 OFF 状态。

（三）注意事项

气相色谱仪在使用中的注意事项如下：

（1）进样口要定期更换进样垫，进样口内的玻璃衬管要定期清洗，不用的进样口和检测器要用堵头堵好。

（2）安装色谱柱时，毛细柱两端切口要平齐，长时间不用或新的毛细柱两头要切掉 2 cm 左右，再分别接进样口、检测器。

（3）最好用程序升温老化色谱柱，老化的最高温度要高于平时使用温度 20 ℃ 以上且低于柱子的最高使用温度。老化时间不低于 1.5 h。载气流速应与测定试样时保持一致。

二、LC-20 AT 高效液相色谱仪

（一）仪器结构和工作原理

高效液相色谱仪主要包括高压输液系统、进样系统、分离系统、检测系统四个主要部分。此外，还有梯度洗脱、在线脱气、自动进样及数据处理系统等辅助装置。其工作流程如图 2-1-12 所示。

高压输液系统：其作用是提供足够恒定的高压，迫使流动相以稳定的流量快速渗透通过固定相。高压输液系统由流动相储液器、高压泵、脱气器和梯度洗脱

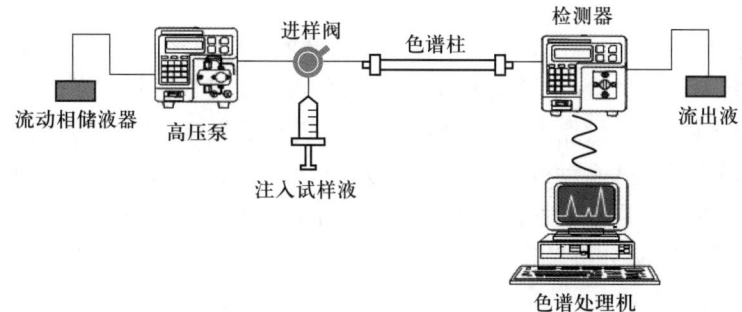

图 2-1-12 高效液相色谱仪工作流程图

装置组成,其核心部件是高压泵,一般使用不锈钢和聚四氟乙烯做泵的材质。

进样系统:在高效液相色谱中,一般采用旋转式高压六通阀进样。

分离系统:色谱柱是高效液相色谱的核心部件,包括柱管和固定相两部分。柱管一般采用内壁抛光的优质不锈钢管或铝、铜等金属材质。常规色谱柱长为 5~25 cm,内径为 4~5 mm。色谱柱固定相一般是粒径为 3~5 μm 的填料。

检测系统:高效液相色谱常用的检测器有紫外检测器、二极管阵列检测器(DAD)、荧光检测器、示差折光检测器、蒸发光散射检测器和质谱检测器。二极管阵列检测器对大部分有机化合物有响应;荧光检测器可以检测产生荧光的物质,对如多环芳烃、维生素 B、黄曲霉素、卟啉类化合物、农药、药物、氨基酸、甾类化合物等有响应;蒸发光散射检测器对碳氢化合物、表面活性剂、聚合物、脂肪酸和氨基酸、油和挥发性低于流动相的任何试样、不含发色团的化合物有响应。

(二)操作步骤

1. 开机

打开 LC-20AT 溶液传输单元(泵)、真空脱气机、系统控制器、所选用的检测器、自动进样器、柱温箱的电源开关。打开计算机,双击色谱工作站,使计算机与仪器连接。

2. 分析方法的编辑

在仪器运行参数设置界面,根据试样运行时间设置采样时间和检测的起始时间。泵的模式选择等度淋洗(isocratic flow)或梯度淋洗(low pressure gradient),输入总流速和流动相比例,最大压力根据色谱柱的最大压力进行设置。DAD 检测器根据分析物的光学性质选择光源,一般未知物同时选择氘(D_2)灯和钨(W)灯,输入开始和结束时的波长。分别设置柱温箱和自动进样器的参数。当仪器稳定,基线稳定后,下载方法,进行试样的分析。

3. 运行

进行单次运行时，点击 Single Run 按钮，输入试样名称，选择方法文件、数据文件存储路径、进样量、试样盘编号等参数，单击确定可以进行试样的分析。

进行序列处理时，点击 Batch Processing 按钮，首先建立空序列表，在空序列表中输入各项信息（自动进样架上的瓶号、自动进样架号、试样名、方法名、文件名、进样量等），保存已建好的序列表。选中全部或部分序列表，单击 Start，仪器开始序列进样采集分析。

4. 关机

试样分析完毕后，按照要求对色谱柱进行冲洗。冲洗完后，单击 Instrument On/Off 按钮，再依次关闭各个界面，退出色谱工作站，最后关闭仪器电源开关。

5. 积分

打开后处理界面，找到已经完成的数据，提取所要波长下的色谱峰。在积分页面，选择面积选项进行自动积分。也可以选择积分页面的程序，进行手动积分。结果在视图中峰表内查看。

6. 绘制标准曲线

外标法定量：打开化合物表向导窗口，选择峰面积、要标定的峰，选择外标法。输入浓度，识别，选择时间窗或者时间带。定义峰的名字和标样的浓度，保存方法。打开已经建立的方法，然后将各个标样图谱拖动到右边空白处生成序列表，修改序列表信息。保存序列表，单击开始按钮，则自动生成标准曲线。

内标法定量：定量方法为内标法，确定内标物的峰。

7. 利用标准曲线计算试样的浓度

打开需要计算的谱图，选择需要加载的方法参数，查看峰表可以看结果。

8. 报告编辑

单击报告模板，拖动到报告模板中即可。将相应的数据拖动到报告模板中即显示报告。

(三) 注意事项

高效液相色谱仪在使用中的注意事项如下：

（1）高压恒流泵的密封圈是最易磨损的部件，密封圈的损坏可引起系统的许多故障，要注意保养和定期更换。

（2）必须使用高效液相色谱级或相当于该级别的流动相，并先经 0.45 μm 薄膜过滤。过滤后的流动相必须经过充分脱气，以除去其中溶解的气体 O_2 等，如不脱气则易产生气泡、基线噪声增加、灵敏度下降，甚至无法分析。

（3）为了延长检测器灯的使用寿命，在暂时不使用时可在不关机的情况下，只把灯关掉（最好在需要关灯时间 4 h 以上才关灯，因为频繁地开关灯，同样会缩短灯的使用寿命)。

三、BECKMAN P/ACE MDQ 毛细管电泳仪

(一) 工作原理和性能

毛细管电泳(CE)也称为高效毛细管电泳,是一类以毛细管为分离通道、以高压直流电场为驱动力的新型液相分离技术。BECKMAN P/ACE MDQ 毛细管电泳仪的基本结构包括进样系统、填灌/清洗系统、电流回路、毛细管/温度控制系统、检测/记录/数据处理系统等部分,如图 2-1-13 所示。

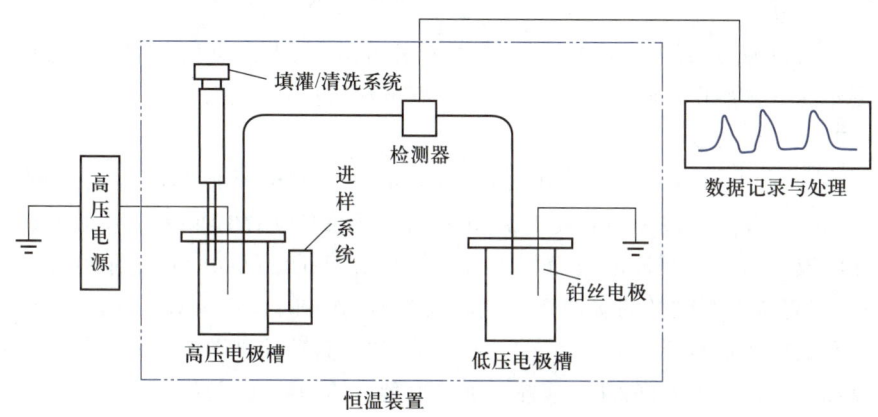

图 2-1-13　高效毛细管电泳仪结构示意图

进样系统:由于毛细分离通道十分细小,只需消耗数纳升的试样。为了提高分离效率,实验过程需要无死体积进样。首先让毛细管直接与试样接触,然后由重力、电场力或者其他动力驱动试样流入管中。通常进样方式包括电动进样、压力进样或者扩散进样。

填灌/清洗系统:装填缓冲溶液和清洗毛细管是保持自由溶液毛细管电泳高效和重现分离的重要条件。通常采用正、负压助推流动,所需机构和压力进样机构类似,包括位置控制、压力控制和计时控制等部分,此机构要求系统具有一定的密闭性。

电流回路:毛细管电泳的电流回路系统,通常包括直流高压电源、电极、电极槽、导线和电解质缓冲溶液。缓冲溶液内含有电解质,充填于电极槽和毛细管中,通过电极、导线与电源连通,是分离室中的导体。

毛细管/温度控制系统:理想的毛细管必须是电绝缘、紫外/可见光透性和富有弹性的。在电泳过程中,毛细管内会因焦耳热效应而产生径向温度梯度,引起迁移速度分布,降低分离效率。因此,需要将毛细管置于温度可调的恒温环境

中。主要采用风冷(强制空气对流)和液冷两种方式,其中液冷效果较好,但是风冷控制系统简单。

检测/记录/数据处理系统:毛细管电泳有许多潜在的检测方法,如光吸收法、电化学法、电导法及化学发光、磷光、荧光、质谱等,其中紫外吸收已经非常成熟,是绝大多数商品仪器的主力检测手段。毛细管电泳的数据记录、处理和谱图显示方法与色谱是一样的。可以采用记录仪、积分仪、计算机等不同的手段对谱图进行记录和处理。定性定量的数据测定和运用方法也与色谱相同。

(二) 操作步骤

1. 开机

接通电源,打开毛细管电泳仪开关,打开计算机,点击桌面 32 Karat 操作软件图标,点击 DAD 检测器图标,进入毛细管电泳仪控制界面。

2. 放样

将分别装有 0.1 mol·L^{-1} HCl 溶液、1 mol·L^{-1} NaOH 溶液、运行缓冲溶液 A、重蒸水依次放入左边缓冲溶液托盘(Inlet),并记录对应的位置;然后将装有运行缓冲溶液 A 及空的缓冲溶液瓶放入右边缓冲溶液托盘(Outlet),记录对应的位置;将装有待检测试样的缓冲溶液瓶放入左侧试样托盘,记录对应的位置;检查卡盘和试样托盘是否正确安装;关好托盘盖,注意直接控制图像屏幕上是否显示卡盘和托盘盖已安装好;此时应能听到制冷剂开始循环的声音。

3. 冲洗毛细管

在直接控制屏幕上点击压力区域,出现对话框;设置 Pressure、Duration、Direction、Pressure Type、Tray Positions 等参数;点击 OK,瓶子移到指定的位置,开始冲洗;冲洗完成后,毛细管已处理好,毛细管中充满运行缓冲溶液。

4. 方法编辑

先进入 32 Karat 主窗口,用鼠标右键单击所建立的仪器,选择 Open Offline,几秒钟后会打开仪器离机窗口,从文件菜单选择 File/Method/New,在方法菜单选择 Method/Instrument Setup 进入方法的仪器控制和数据采集模块;选择其中一个为"Initial Condition"(初始条件)的选项卡,进入初始条件对话框;在这个对话框中输入用于仪器开始方法运行时的参数。

5. 建立序列

从仪器窗口选择 File/Sequence/New,打开序列向导,按要求选择;点击 Finish,出现新建的序列表。

6. 系统运行

在系统运行前,检查仪器的状态;检测器配置是否正确;灯是否点着;试样和缓冲溶液是否放置正确;从菜单选择 Control/Single Run 或点击图标,打开单个运行对话框。在仪器窗口的工具条上点击绿色的双箭头,打开运行序列对话框。

7. 关机

关闭氘灯,点击 Load,使托盘回到原始位置;打开托盘盖,待冷凝液回流后关闭控制界面;关闭毛细管电泳仪开关,关闭计算机,切断电源。

(三) 注意事项

毛细管电泳仪在使用中的注意事项如下:

(1) 运行同一缓冲溶液时只需用该缓冲溶液冲洗 3 min,否则需用高纯水冲洗后再用缓冲溶液冲洗;

(2) 关机淋洗后,进出口均用蒸馏水封住;长期不使用仪器,需吹干毛细管后,用空瓶封住;

(3) 仪器运行过程中产生高压,严禁打开托盘盖。

四、Metrohm 861 型离子色谱仪

(一) 性能与结构

Metrohm 861 型离子色谱仪是一种双抑制型离子色谱仪,自带电导检测器。也可外接紫外可见检测器(UV/Vis)、二极管阵列检测器(DAD)、伏安检测器(VA)和脉冲安培检测器(PAD),还可以和等离子体光谱/质谱(ICP-AES/MS)联用。采用不同的离子交换柱,可以对试样中的阳离子或阴离子进行分离,并可根据离子色谱峰的峰高或峰面积进行定量分析。

(二) 操作步骤

1. 打开系统

双击桌面离子色谱软件图标,进入操作软件。

2. 预热准备

打开系统窗口,在系统窗口中点击"系统"—"更改",更改系统为"阴离子系统平衡",点击"控制"—"开始测定"(确认每过 10 min 抑制器切换后有一水负峰)。预热 30~60 min 直至基线平衡,点击"控制"—"停止测定"。

3. 准备试样

标样可采用一次性注射器直接进样,试样需用 0.45 μm 孔径过滤膜过滤后进样,未知试样还需先稀释 100~1 000 倍后再进样,确保浓度不会太高进而污染系统。

4. 开始测定

预热结束后,在系统窗口中点击"系统"—"更改",更改系统为"阴离子试样分析"。点击"控制—开始测定",在弹出的对话框中输入试样信息及校正水平(试样为 0,标样为 1,2,3,…)。点击"确定",将试样通过注射器注入定量环

（注意下一次进样前不要取下注射器。若想更改采样时间，可点击"方法—属性"，输入采样时间。多个试样测定重复上述步骤。

若中间有预计 1 h 以上的休息时间，请将系统方法切换到"阴离子系统平衡"，否则抑制器会饱和。

5. 关闭系统

测定结束后，在系统窗口中点击"控制"—"关闭硬件"，关闭整个系统，最后关闭计算机和离子色谱仪电源。

（三）注意事项

离子色谱仪在使用中的注意事项如下：

（1）配制淋洗液：使用分析纯 $NaHCO_3$、Na_2CO_3 和电阻率大于 18.2 $MΩ$ 超纯水，配制成浓度为 1.8 mmol·L^{-1} Na_2CO_3、1.7 mmol·L^{-1} $NaHCO_3$ 混合液 2 L，使用 0.45 μm 孔径过滤膜抽滤后灌入淋洗液瓶。淋洗液保存时间为 2 周左右，需定期更换淋洗液并作工作曲线进行校正。

（2）再生液：取分析纯浓 H_2SO_4 溶液约 5 mL，使用电阻率大于 18.2 $MΩ$ 经过滤的超纯水稀释到 1 L 后使用。

（3）冲洗水：电阻率大于 18.2 $MΩ$ 经过滤的超纯水。

（4）生石灰：2~3 个月更换一次淋洗液瓶盖上的生石灰（每次只能添约一半体积），天气潮湿时需增加更换频率以保证淋洗液浓度不改变。

（5）仪器维护：建议一周至少开机一次，让仪器走"阴离子系统平衡"。

（6）色谱柱长时间不用时，用堵头螺丝堵住两头，放冰箱冷藏。

第六节 质谱分析仪器的结构及使用

一、API 2000 液相色谱-四级杆质谱联用仪

（一）性能与结构

液相色谱-质谱联用仪是一种基于高效液相色谱技术和质谱技术对复杂混合待测物进行分离和质谱鉴定的实验仪器。基于该仪器可对复杂待测体系中的特定待测物进行定性、定量测定，因而被广泛应用于食品安全、环境监测、药物监控、科学研究等诸多领域。

液相色谱-质谱联用仪一般是由一台高效液相色谱仪和一台质谱仪所组成的。其中质谱仪一般包含进样系统、离子源、质量分析器和检测器四部分，其总体结构参见图 2-1-14。在液相色谱-质谱联用仪中其实是将高效液相色谱仪作为质谱仪的一个进样系统。在对复杂的混合待测体系进行分析测定时，首先基

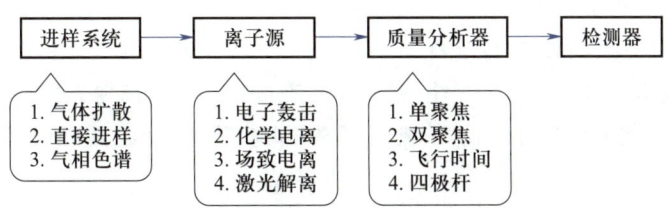

图 2-1-14　质谱仪组成

于高效液相色谱对复杂待测试样进行分离,将该复杂试样分离成为一个个单一的待测物区带,再将各个区带依次引入离子源中进行电离,最后再在质量分析器和检测器部分对待测物进行检测,从而实现对复杂混合待测试样中成分的追踪测定。

(二) 操作步骤

1. 开机顺序

开机前首先检查机械泵和质谱主机是否通电完好;打开氮气发生器,等待氮气输出压力稳定后打开机械泵;待确定机械泵工作正常,转速平稳后,再打开质谱主机,驱动分子涡轮泵进行抽真空;待前级真空和后级真空的真空度皆达到系统默认要求后,即可进入 Analyst 软件进行试样分析。

2. 测量步骤

（1）点击"设置"界面,进入分析方法设置界面。

（2）设置液相色谱条件,分别输入流动相流速、组成、变化程序、进样位置和进样量、柱温条件等液相色谱条件。

（3）设置质谱条件,分别输入质谱质荷比测量范围,点选质谱离子带电检测模式为正电荷离子检测。

（4）在应用对应分析方法设置后点击进样分析按键,实现进样。

（5）待试样数据收集完毕后,即可进入数据分析界面进行数据分析和导出。

3. 关机顺序

点击"卸除真空"按键逐步降低分子涡轮泵的转速,待其转速降至 0%,依次关闭质谱主机电源、机械泵电源和氮气发生器电源。

二、Trace-ISQ 气相色谱-质谱联用仪

(一) 性能与结构

气相色谱-质谱联用法综合使用气相色谱和 EI 源(电子轰击电离源)质谱作为分离和检测手段,利用不同化学物质具有不同的沸点、分子极性及 EI 源

电离碎片离子构成的特点,对复杂试样中的可汽化物质进行定性分析。该方法具有高效快速、灵敏度高等优点,因而获得了广泛应用。气相色谱-质谱联用仪主要包括进样装置、柱温箱、色谱-质谱接口、EI 电离源、质量分析器和质谱检测器等;此外,一般还配有载气气源、真空系统及数据处理系统等辅助装置。

(二) 操作步骤

1. 开机顺序

开机前确认高纯氦气钢瓶是否打开,以及质谱真空开关是否充分紧闭,确认后打开气相色谱-质谱联用仪的气相色谱和质谱供电开关;待质谱分子涡轮泵转速达到100%且真空区域真空度低于 40 mTorr[①] 后即可进入 Xcalibur 软件界面进行设定和分析。

2. 测量步骤

(1) 点击"方法设置"界面,进入分析方法设置界面。

(2) 设置气相色谱条件,分别输入流动相条件、进样体积、进样程序和程序升温等气相色谱条件。

(3) 设置质谱条件,分别输入质谱质荷比测量范围、质谱检测空白时间及质谱扫描时间间隔等质谱条件,最后点选质谱离子带电检测模式为正电荷离子检测。

(4) 保存所有分析方法设置后,点击应用到气相色谱仪和质谱仪。

(5) 在检测界面设置调用前述分析方法,在设置进样试样对应位置后点击进样分析按键,实现进样检测。

(6) 待检测数据完成收集,即可进入"定性分析"数据分析界面进行数据分析和导出。

3. 关机顺序

点击"卸除真空"按键逐步降低分子涡轮泵的转速,待其转速降至0%后关闭气相色谱电源和质谱主机电源,然后打开质谱真空开关维持 5 s 后旋紧关闭,最后切断氦气气源。

第七节　Spinsolve 核磁共振谱仪的结构及使用

(一) 性能与结构

Spinsolve 台式核磁共振谱仪是一种永磁体核磁共振仪,该仪器具有超强的

[①] 1 Torr = 133.3 Pa。

稳定性,可以安装在普通实验室桌面上,通常 1 min 内即可获得有效谱图。仪器主要由磁铁、探头、射频发生器、射频接收器、扫描发生器、信号放大及记录仪等部分组成。永磁体核磁共振谱仪的结构如图 2-1-15 所示。

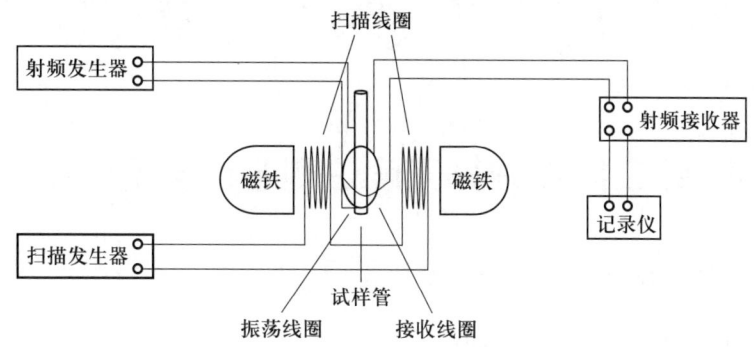

图 2-1-15　永磁体核磁共振谱仪结构示意图

(二) 操作步骤

1. 开机

(1) 将环境温度设置在 20~25 ℃,接通核磁共振谱仪电源,使其稳定 24 h。

(2) 接通主机电源,连接核磁共振谱仪,使谱仪处于计算机的管理之下。

2. 匀场

放入标准试样,选择匀场。待匀场结束后,采集标准试样的质子谱,根据峰形判断磁场均匀度是否满足要求。

3. 采样

设置观测参数,并采样。重要的参数包括:① 试样中观测核偏置;② 氢谱谱宽为 $(-1\sim15)\times10^{-6}$;③ 采样时间为数秒;④ 延迟时间为 2 s;⑤ 扫描次数为 8 次;⑥ 脉冲序列是 PROTON。

4. 关机

断开主机电源,切断核磁共振谱仪的连接。

第二章 仪器分析实验

实验 1 邻二氮菲分光光度法测定铁含量

一、实验目的

1. 掌握分光光度计的结构和使用方法。
2. 学习如何选择分光光度分析的实验条件。
3. 学习利用分光光度法进行定量分析及络合物组成测定。

二、实验原理

邻二氮菲是测定微量铁的较好试剂。在 pH = 2~9 的溶液中,该试剂与 Fe^{2+} 生成稳定的红色络合物,其反应式如下:

$$Fe^{2+} + 3\,\text{phen} \longrightarrow [\text{Fe(phen)}_3]^{2+}$$

络合物的最大吸收峰在 510 nm 波长处,$\lg K_{稳} = 21.3$,摩尔吸收系数 $\kappa = 1.1 \times 10^4$ L·mol^{-1}·cm^{-1}。试样中的 Fe^{3+} 需用盐酸羟胺或抗坏血酸还原为 Fe^{2+},才能显色测定。

$$2Fe^{3+} + 2NH_2OH \cdot HCl = 2Fe^{2+} + N_2\uparrow + 2H_2O + 4H^+ + 2Cl^-$$

本方法的选择性很强,相当于含铁量 40 倍的 Sn^{2+},Al^{3+},Ca^{2+},Mg^{2+},Zn^{2+},SiO_3^{2-};20 倍的 Cr^{3+},Mn^{2+},$V(V)$,PO_4^{3-};5 倍的 Co^{2+},Cu^{2+} 等均不干扰测定。

三、仪器与试剂

1. 仪器

721 型分光光度计或 722 型光栅分光光度计。

2. 试剂

（1）$1.0×10^{-3}$ mol·L^{-1} 铁标准溶液。

准确称取 0.392 1 g $NH_4Fe(SO_4)_2·6H_2O$ 置于烧杯中，用 50 mL 1∶1 HCl 溶液溶解，然后转移至 1 000 mL 容量瓶中，用水稀释至刻度，摇匀，供条件试验和测络合物组成用。

（2）0.1 mg·mL^{-1} 铁标准溶液。

准确称取 0.702 0 g $NH_4Fe(SO_4)_2·6H_2O$ 置于烧杯中，加入 20 mL 1∶1 HCl 溶液和少量水，溶解后，定量转移至 1 000 mL 容量瓶中，用水稀释至刻度，摇匀，供制作标准曲线用。

（3）100 g·L^{-1} 盐酸羟胺溶液。

用时现配。

（4）邻二氮菲（1.5 g·L^{-1}，$1.0×10^{-3}$ mol·L^{-1}）溶液。

避光保存，溶液颜色变暗时即不能使用。

（5）1.0 mol·L^{-1} 乙酸钠溶液。

（6）0.1 mol·L^{-1} 氢氧化钠溶液。

四、实验步骤

1. 条件实验的选择

（1）吸收曲线的制作和测量波长的选择。

用吸量管吸取 0.0 mL，1.0 mL $1.0×10^{-3}$ mol·L^{-1} 铁标准溶液，分别注入两个 50 mL 容量瓶（或比色管）中，各加入 1 mL 盐酸羟胺溶液，摇匀后放置 2 min，再各加入 1.5 g·L^{-1} 邻二氮菲溶液 2 mL，乙酸钠溶液 5 mL，用水稀释至刻度，摇匀。放置 10 min 后，用 1 cm 比色皿，以试剂空白溶液（即 0 mL 铁标准溶液试样）为参比溶液，在 440~560 nm，每隔 10 nm 测一次吸光度，在最大吸收峰附近，每隔 5 nm 测定一次吸光度。在坐标纸上，以波长 λ 为横坐标、吸光度 A 为纵坐标，绘制吸收曲线，从而选择测定铁的最大吸收波长。

（2）溶液适宜酸度范围的确定。

在 9 只 50 mL 容量瓶（或比色管）中各加入 2.0 mL $1.0×10^{-3}$ mol·L^{-1} 铁标准溶液和 1.0 mL 盐酸羟胺溶液，摇匀后放置 2 min。各加 1.5 g·L^{-1} 邻二氮菲溶液 2 mL，然后分别加入 0.1 mol·L^{-1} NaOH 溶液 0 mL，1.00 mL，2.00 mL，3.00 mL，4.00 mL，5.00 mL，6.00 mL，8.00 mL，10.00 mL，摇匀，以水稀释至刻度，摇匀。用精密 pH 试纸或酸度计测定各溶液的 pH。以水为参比，在选定波长下，用 1 cm 吸收池测定各溶液的吸光度。绘制 A-pH 曲线，确定适宜的 pH 范围。

(3) 显色剂用量的确定。

在 7 只 50 mL 容量瓶(或比色管)中,各加入 2.0 mL 1.0×10^{-3} mol·L^{-1} 铁标准溶液和 1.0 mL 盐酸羟胺溶液,摇匀后放置 2 min。分别加入 1.5 g·L^{-1} 邻二氮菲溶液 0.2 mL,0.4 mL,0.6 mL,0.8 mL,1.0 mL,2.0 mL,4.0 mL,再加入乙酸钠溶液 5.0 mL,以水稀释至刻度,摇匀。以水为参比,在选定波长下测量各溶液的吸光度。以显色剂邻二氮菲溶液的体积为横坐标、相应的吸光度为纵坐标,绘制吸光度-显色剂用量曲线,确定显色剂的用量。

(4) 显色时间及络合物稳定性。

在一只 50 mL 容量瓶(或比色管)中,加入 2.0 mL 1.0×10^{-3} mol·L^{-1} 铁标准溶液和 1.0 mL 盐酸羟胺溶液,摇匀后放置 2 min。再加入 1.5 g·L^{-1} 邻二氮菲溶液 2.0 mL,乙酸钠溶液 5.0 mL,以水稀释至刻度,摇匀。立即用 1 cm 比色皿,以水为参比,在选定波长下测量吸光度。然后依次测量放置 5 min,10 min,30 min,60 min,120 min 后的吸光度。以时间 t 为横坐标、吸光度 A 为纵坐标,绘制 A-t 曲线。得出铁与邻二氮菲显色反应完全所需要的时间及适宜测量时间。

2. 试样中铁含量的测定

(1) 标准曲线的制作。

在 6 只 50 mL 容量瓶(或比色管)中,用吸量管分别加入 0.0 mL,2.0 mL,4.0 mL,6.0 mL,8.0 mL,10.0 mL 0.1 mg·mL^{-1} 铁标准溶液,分别加入 1 mL 盐酸羟胺溶液,摇匀后放置 2 min,再各加入 1.5 g·L^{-1} 邻二氮菲溶液 2 mL、乙酸钠溶液 5 mL,以水稀释至刻度,摇匀。用 1 cm 比色皿,以试剂空白溶液(即0.0 mL铁标准溶液试样)为参比,在所选择的波长下,测量各溶液的吸光度。以铁含量为横坐标、吸光度 A 为纵坐标,绘制标准曲线。

(2) 铁含量的测定。

试样溶液按制作标准曲线的步骤显色后,在相同条件下测量吸光度,由标准曲线计算试样中微量铁的含量(μg·mL^{-1})。

3. 络合物组成的测定

取 9 只 50 mL 容量瓶(或比色管),各加入 1.0×10^{-3} mol·L^{-1} 铁标准溶液 1.0 mL,盐酸羟胺溶液 1.0 mL,摇匀,放置 2 min。依次加入 1.0×10^{-3} mol·L^{-1} 邻二氮菲溶液 1.0 mL,1.5 mL,2.0 mL,2.5 mL,3.0 mL,3.5 mL,4.0 mL,4.5 mL,5.0 mL,然后各加乙酸钠溶液 5 mL,以水稀释至刻度,摇匀。在 510 nm 处,用 1 cm 吸收池,以水为参比,测定各溶液的吸光度 A。以 A 对 c_L/c_M 作图,根据曲线上前后两部分延长线的交点位置确定 Fe^{2+} 与邻二氮菲反应的络合比。

五、思考题

1. 用邻二氮菲测定三价铁时,为什么要加入盐酸羟胺?其作用是什么?该法是否可以用于铁的价态分析?
2. 根据有关实验数据,计算邻二氮菲-Fe(Ⅱ)络合物在选定波长下的摩尔吸收系数。
3. 在有关条件实验中,均以水为参比,为什么在测绘标准曲线和测定试液时,要以试剂空白溶液为参比?
4. 在什么条件下,才可以使用摩尔比法测定络合物的组成?

实验 2 　考马斯亮蓝染色法测定蛋白质含量

一、实验目的

1. 学习考马斯亮蓝 G250 染色法测定蛋白质含量的原理和方法。
2. 了解分光光度法在生化分析中的应用。

二、实验原理

考马斯亮蓝 G250 染色法是生化分析中常用的染色法之一。考马斯亮蓝 G250 (Coomassie brilliant blue G250)染料在游离状态下呈红色,最大吸收波长为 488 nm。在酸性溶液中该染料的最大吸收波长为 465 nm,与蛋白质中的碱性氨基酸(特别是色精氨酸)和芳香族氨基酸残基相结合后,最大吸收峰变为 595 nm,溶液的颜色由棕黑色变为蓝色,其蓝色溶液的吸光度与蛋白质含量成正比,据此可用于蛋白质的定量测定。蛋白质与考马斯亮蓝 G250 结合在 2 min 左右的时间内达到平衡,完成反应十分迅速;其结合物在室温下 1 h 内保持稳定。该法 1976 年由 Bradford 建立,测定蛋白质质量浓度范围为 0~1 000 $\mu g \cdot mL^{-1}$,是一种常用的微量蛋白质快速测定方法。

三、实验材料、主要仪器与试剂

1. 实验材料

新鲜绿豆芽。

2. 主要仪器

紫外-可见分光光度计。

3. 试剂

（1）乙醇（90%），磷酸（85%）。

（2）牛血清白蛋白标准溶液。

准确称取 100 mg 牛血清白蛋白（经微量凯氏定氮法测定其纯度），溶于 100 mL 蒸馏水中，即为 1 000 μg·mL^{-1} 蛋白质标准溶液。

（3）考马斯亮蓝 G250 溶液（蛋白染色剂）。

称取 100 mg 考马斯亮蓝 G250，溶于 50 mL 90%乙醇中，加入 85%（质量分数）的磷酸 100 mL，最后用蒸馏水定容至 1 000 mL。此溶液在常温下可放置一个月。

四、实验步骤

1. 标准曲线的绘制

取 7 支干净的具塞试管，分别加入 0 mL，0.1 mL，0.2 mL，0.4 mL，0.6 mL，0.8 mL 和 1.0 mL 蛋白质标准溶液，补加水至体积均为 1 mL，然后各加入 5 mL 蛋白染色剂，充分振荡混合，2 min 后于 595 nm 测定吸光度值。以蛋白质浓度为横坐标，吸光度值为纵坐标，绘制标准曲线。

2. 试样中蛋白质含量的测定

（1）待测试样制备。

称取新鲜绿豆芽下胚轴 2 g 放入研钵中，加 2 mL 蒸馏水研磨成匀浆，转移至离心管中，再用 6 mL 蒸馏水分次洗涤研钵，洗涤液收集于同一离心管中，放置 0.5~1 h 以充分提取，然后 4 000 r·min^{-1} 离心分离 20 min，将上清液转入 10 mL 容量瓶，并以蒸馏水定容至刻度，即得待测试样提取液。

（2）测定。

另取 3 支 10 mL 具塞试管，按以下剂量取样。吸取提取液 0.1 mL，各补加水 0.9 mL，然后各加入 5 mL 蛋白染色剂，充分振荡混合，2 min 后于 595 nm 测定吸光度值。由标准曲线计算试样提取液和试样中蛋白质含量。

五、注释

1. Bradford 法由于染色方法简单迅速、干扰物质少、灵敏度高，现已广泛应用于蛋白质含量的测定。

2. 一些阳离子，如 K$^+$、Na$^+$、Mg^{2+}、(NH$_4$)$_2$SO$_4$ 和乙醇等物质不干扰测定。但 Tris、乙酸、2-巯基乙醇、蔗糖、甘油、EDTA 及表面活性剂有少量颜色干扰，用适当的缓冲溶液对照很容易除掉。

3. 测定中，蛋白-染料复合物会有少部分吸附于比色皿壁上，测定完后可用乙醇将蓝色的比色皿洗干净。

六、思考题

1. 当有少量干扰存在时,应如何操作以消除干扰?
2. 除牛血清白蛋白外是否可以采用其他蛋白质制作标准曲线?
3. 测定结果是试样中所含牛血清白蛋白的含量吗?
4. 考马斯亮蓝法与测定蛋白质的其他方法比较有何特点?

实验3　食品中 NO_2^- 含量的测定

一、实验目的

1. 学习盐酸萘乙二胺光度法测定亚硝酸盐的原理和方法。
2. 了解分光光度法在食品分析中的应用。

二、实验原理

亚硝酸盐作为一种食品添加剂,具有一定的防腐性,能够保持腌肉制品等的色香味。但亚硝酸盐也具有较强的致癌作用,过量食用会对人体产生危害。因此,食品加工中需严格控制亚硝酸盐的加入量。

在弱酸性溶液中,亚硝酸盐与对氨基苯磺酸发生重氮化反应,生成的重氮化合物与盐酸萘乙二胺偶联成最大吸收波长为 540 nm 的紫红色偶氮染料:

$$NO_2^- + 2H^+ + H_2N-\text{C}_6\text{H}_4-SO_3H \longrightarrow N\equiv N^+-\text{C}_6\text{H}_4-SO_3H + 2H_2O$$

$$N\equiv N^+-\text{C}_6\text{H}_4-SO_3H + \text{C}_{10}\text{H}_7-NHCH_2CH_2NH_2\cdot HCl \longrightarrow$$

$$HO_3S-\text{C}_6\text{H}_4-N=N-\text{C}_{10}\text{H}_6-NHCH_2CH_2NH_2\cdot HCl$$

以分光光度法测定生成的偶氮染料,可以对亚硝酸盐进行定量。该法选择性好、灵敏度高,广泛应用于食品、药品和环境等领域的微量亚硝酸盐分析。

三、仪器与试剂

1. 仪器

紫外-可见分光光度计;小型多用食品粉碎机。

2. 试剂

（1）饱和硼砂溶液。

称取 25 g 硼砂($Na_2B_4O_7 \cdot 10H_2O$)溶于 500 mL 热水中。

（2）1.0 mol·L^{-1} 硫酸锌溶液。

称取 150 g $ZnSO_4 \cdot 7H_2O$ 溶于 500 mL 水中。

（3）150 g·L^{-1} 亚铁氰化钾水溶液。

（4）4 g·L^{-1} 对氨基苯磺酸溶液。

称取 0.4 g 对氨基苯磺酸溶于 20% HCl 溶液中,配成 100 mL 溶液,避光保存。

（5）2 g·L^{-1} 盐酸萘乙二胺溶液。

称取 0.2 g 盐酸萘乙二胺溶于 100 mL 水中,避光保存。

（6）0.2 g·L^{-1} $NaNO_2$ 标准溶液。

准确称取 0.100 0 g 干燥 24 h 的分析纯 $NaNO_2$,用水溶解后定量转入 500 mL 容量瓶中,加水稀释至刻度并摇匀。使用时准确移取上述标准溶液 5.0 mL 于 100 mL 容量瓶中,加水稀释至刻度,摇匀,作为操作液(10 μg·mL^{-1})。

（7）活性炭。

四、实验步骤

1. 试样处理

（1）肉制品(如香肠)。

称取 5 g 经绞碎均匀的试样置于 50 mL 烧杯中,加入硼砂饱和溶液 12.5 mL,搅拌均匀,用 70 ℃ 以上的热水 150~200 mL 将烧杯中的试样全部洗入 250 mL 容量瓶中,置于沸水浴中加热 15 min①,取出。在轻轻摇动下滴加 $ZnSO_4$ 溶液 2.5 mL 沉淀蛋白质。冷却至室温后,加水稀释至刻度,摇匀,放置 10 min,撇去上层脂肪,清液用滤纸或脱脂棉过滤,弃去最初 10 mL 滤液,承接其后无色透明滤液 50 mL 用于测定。

（2）水果、蔬菜罐头。

将罐头开启,内容物全部转至搪瓷盘中,切成小块混合均匀,用四分法取出

---

① 亚硝酸盐容易氧化为硝酸盐,处理试样时加热的时间和温度均要注意控制,另外,配制的标准储备液不宜久存。

200 g。将试样置于食品粉碎机的大杯内加水 200 mL,捣碎成匀浆后全部移入 500 mL 烧杯中备用。称取匀浆 40 g 于 50 mL 烧杯中,用 70 ℃ 以上的热水 150 mL 分 4~5 次将其全部洗入 250 mL 容量瓶中,加入饱和硼砂溶液 6 mL,摇匀。再加入经处理的活性炭 2 g,摇匀。然后加入 $ZnSO_4$ 溶液 2 mL 和亚铁氰化钾溶液 2 mL,振摇 3~5 min,最后加水稀释至刻度,摇匀后用滤纸过滤,弃去最初的 10 mL 滤液,承接其后滤液 50 mL 左右用于测定。

2. 测定

(1) 标准曲线的绘制。

准确移取 $NaNO_2$ 操作液 ($10\ \mu g\cdot mL^{-1}$) 0 mL,0.4 mL,0.8 mL,1.2 mL,1.6 mL,2.0 mL 分别置于 50 mL 容量瓶中,各加水 30 mL,然后分别加入对氨基苯磺酸溶液 2 mL,摇匀。静置 3 min 后,分别加入盐酸萘乙二胺溶液 1 mL,加水稀释至刻度,摇匀。放置 15 min,用 2 cm 吸收池,以试剂空白为参比,于波长 540 nm 处测定各试液的吸光度,以 $NaNO_2$ 溶液的加入量为横坐标、相应的吸光度为纵坐标,绘制标准曲线。

(2) 试样的测定。

准确移取经过处理的试样滤液 40 mL 于 50 mL 容量瓶中,以下按绘制标准曲线的操作,加入试剂进行测定。根据测得的吸光度,从标准曲线上查出相应的 $NaNO_2$ 的质量。最后计算试样中 $NaNO_2$ 的质量分数(以 $mg\cdot kg^{-1}$ 表示)[①]。

五、思考题

1. 试样处理制备试液时,为什么要弃去最初的 10 mL 滤液?
2. 也可利用盐酸萘乙二胺光度法对试样中的硝酸盐进行测定,你能否设计一个同时测定硝酸盐和亚硝酸盐的分析方案?
3. 你是否了解亚硝酸盐在食品中的允许限量?
4. 查阅有关文献,对盐酸萘乙二胺光度法测定亚硝酸盐的方法进行评价。

实验 4 紫外吸收光度法测定苯甲酸解离常数

一、实验目的

1. 学习紫外吸收光度法测定苯甲酸解离常数的原理和方法。
2. 熟悉紫外吸收光度法在离子平衡研究中的应用。

---

① 本法测量中不包括试样中硝酸盐的含量。

二、实验原理

如果某有机弱酸(或碱)在紫外-可见光区有吸收,且吸收光谱与其共轭碱(或酸)不同时,就可以利用分光光度法测定它的解离常数。

例如,一元弱酸 HB 在溶液中有如下解离平衡:

$$HB \rightleftharpoons H^+ + B^-$$

$$K_a = [B^-][H^+]/[HB]$$

$$pK_a = pH + \lg([HB]/[B^-])$$

或

$$pH = pK_a - \lg([HB]/[B^-])$$

配制三种分析浓度 $c = [HB] + [B^-]$ 相等,而 pH 不同的溶液。第一种溶液的 pH 在 pK_a 附近,此时溶液中 HB 与 B^- 共存;第二种溶液是 pH 比 pK_a 低两个以上单位的酸性溶液,此时弱酸几乎全部以 HB 型体存在;第三种溶液为 pH 比 pK_a 高两个以上单位的碱性溶液,此时弱酸几乎全部以 B^- 型体存在。根据 HB 型体或 B^- 型体的紫外-可见光谱吸收曲线,确定一测定波长,分别测量上述三种溶液的吸光度 A,A_{HB} 和 A_B,则

$$pK_a = pH + \lg[A - A_{B^-}]/[A_{HB} - A]$$

或

$$pH = pK_a - \lg[A - A_{B^-}]/[A_{HB} - A]$$

可以利用上式进行计算得到 pK_a;或测得一系列不同 pH 缓冲溶液的 A,以 pH 对 $\lg[A - A_{B^-}]/[A_{HB} - A]$ 作图,从直线截距得到 pK_a。

三、仪器与试剂

1. 仪器

紫外-可见分光光度计,石英吸收池 2 只(1 cm);pH 计。

2. 试剂

(1) 苯甲酸(C_6H_5COOH)溶液。

准确称取 0.120 g 苯甲酸,溶于蒸馏水中,转移至 500 mL 容量瓶中,用蒸馏水稀释至刻度,得到浓度为 1.00 mmol·L^{-1} 溶液。

(2) 缓冲溶液(pH = 3.6)。

称取 8 g 醋酸钠(NaAc·$3H_2O$)溶于 100 mL 蒸馏水中,加入 6 mol·L^{-1} 醋酸 134 mL,用蒸馏水稀释至 500 mL。

(3) 缓冲溶液(pH=4.6)。

称取 50 g 醋酸钠($NaAc·3H_2O$)溶于 100 mL 蒸馏水中,加入 6 $mol·L^{-1}$ 醋酸 85 mL,用蒸馏水稀释至 500 mL。

(4) 0.05 $mol·L^{-1}$ 硫酸。

(5) 0.1 $mol·L^{-1}$ 氢氧化钠溶液。

四、实验步骤

1. 取 4 只 250 mL 容量瓶,各加入苯甲酸溶液 5.00 mL,再分别加入 0.05 $mol·L^{-1}$ 硫酸 2.5 mL,0.1 $mol·L^{-1}$ 氢氧化钠溶液 2.5 mL,pH=3.6 缓冲溶液 20 mL 和 pH=4.6 缓冲溶液 20 mL,用蒸馏水稀释至刻度。

2. 用 pH 计准确测定上述用缓冲溶液配制的苯甲酸溶液的 pH。

3. 在紫外-可见分光光度计上,分别以介质为参比溶液,在波长 230~300 nm 范围内,对以上配制的 4 种不同介质的苯甲酸溶液进行光谱扫描,绘制其紫外吸收光谱图。选择适当的测量波长,确定各溶液的吸光度值 A_{HB}、A_{B^-}、A(pH=3.6),和 A(pH=4.5)。

4. 根据测得的吸光度值和准确测定的 pH,分别计算 pH=3.6 和 pH=4.5 条件下苯甲酸的 pK_a,并且计算其解离常数的平均值。

五、思考题

1. 如何才能用紫外吸收光度法准确测得弱酸的解离常数?
2. 测得的弱酸解离常数是否与溶液的 pH 及其他因素有关?
3. 测定过程中,如何选择测定波长?在不同波长下测定,是否会导致解离常数变化?
4. 倘若某弱酸在强酸性介质和强碱性介质中吸收光谱无显著差异,能否用紫外吸收光度法测定其解离常数?

实验 5 红外光谱的校正——薄膜法聚苯乙烯红外光谱的测定

一、实验目的

1. 掌握红外光谱校正的基本原理。
2. 了解红外光谱仪的基本结构。

二、实验原理

在红外吸收光谱法测定中,仪器使用较长一段时间后可能会出现仪器误差,为了正确地鉴别峰位,需要波数校正。常用标准聚苯乙烯薄膜为校正试样,根据记录在谱图上的已知吸收峰位进行波数校正。在聚苯乙烯的结构中,除了亚甲基($—CH_2—$)和次甲基($—\overset{|}{CH}—$)外,苯环上还有碳碳骨架($—C=\!\!=\!\!C—$)和不饱和碳氢基团($=\!\!=\!CH—$),它们构成了聚苯乙烯分子中基团的基本振动形式。聚苯乙烯红外谱带主要数据列入下表中。通常采用的三个校正峰分别是 $2\ 851\ cm^{-1}$,$1\ 601\ cm^{-1}$ 及 $907\ cm^{-1}$。

聚苯乙烯红外谱带主要数据

峰值	波数/cm^{-1}	峰值	波数/cm^{-1}
1	3 027	7	1 180
2	2 851	8	1 154
3	1 949	9	1 028
4	1 802	10	907
5	1 601	11	699
6	1 495		

三、仪器与试剂

1. 仪器

傅里叶变换红外光谱仪及附件。

2. 试剂

聚苯乙烯红外标准片、CCl_4(AR)、聚苯乙烯。

四、实验步骤

1. 标准试样的测定

将聚苯乙烯红外标准片插入傅里叶变换红外光谱仪的光路中,扫描测绘标准膜的红外吸收谱图。查对 $2\ 851\ cm^{-1}$、$1\ 601\ cm^{-1}$ 及 $907\ cm^{-1}$ 处的吸收峰位置是否正确,借以校正仪器的波数。

2. 待测试样的测定

(1) 配制质量浓度约 $120\ g\cdot L^{-1}$ 的四氯化碳聚苯乙烯待测溶液,用滴管吸取此溶液于干净的玻璃(或铝箔)上,立即用两端绕有细铜丝的玻璃棒将溶液摊平,自然风干约 2 h,除去溶剂和水。然后将玻璃板浸入水中,用镊子小心地揭下薄膜,用滤纸吸去膜上的水,置于红外灯下烘干。

(2) 将待测聚苯乙烯膜安装在固定架上,插入傅里叶变换红外光谱仪的光路中,扫描测绘其红外吸收谱图。

(3) 比较标准聚苯乙烯膜与测定的聚苯乙烯膜的谱图,列表讨论它们的主要吸收峰。

五、注意事项

1. 聚苯乙烯红外标准片用塑料袋包装,贮存于干燥环境中,避免阳光直射,远离热源。

2. 聚苯乙烯红外标准片使用时将其插入试样支架上即可,禁止用手触摸中间薄膜,以免污染。使用完毕立即放回包装盒内,并储存在干燥环境中。

六、思考题

1. 为什么必须将制备膜的溶剂和水分除去?
2. 指出聚苯乙烯红外谱图中各特征吸收峰属何种基团的什么形式的振动。

实验 6　红外光谱法测定有机物的化学结构

一、实验目的

1. 掌握红外光谱基本原理。
2. 了解红外光谱仪结构。
3. 学习并掌握解析红外谱图的基本能力。

二、实验原理

红外光谱是依据物质对红外辐射的特征吸收而建立起来的一种光谱分析方法。红外光谱对有机物的定性具有鲜明的特征性,因为每一化合物都有其特征的化学结构,而该特征化学结构在其红外谱图上以吸收带的数目、位置、形状、强度等体现出来,即化合物及其聚集态的不同,红外谱图不同。

三、仪器与试剂

1. 仪器及器具

傅里叶变换红外光谱仪及附件、手压式压片机、红外干燥灯、玛瑙研钵、压片模具组、试样架、可拆式液体池、镊子、药匙。

2. 试剂

苯甲酸(或对硝基苯甲酸)、苯乙酮(或苯甲醛)、溴化钾(KBr)、无水乙醇、滑石粉、氯化钠盐片。

四、实验步骤

1. 开机

打开傅里叶变换红外光谱仪电源，电源指示灯亮后，稳定半小时，使仪器达到最佳状态。开启计算机，并打开计算机界面上红外测试软件。

2. 固体试样苯甲酸(或对硝基苯甲酸)的红外吸收谱图的测绘

(1) 将玛瑙研钵、试样架、压片模具组、镊子、药匙用无水乙醇棉球擦拭干净并于红外灯下烤干。

(2) 取干燥的苯甲酸试样和 KBr 粉末，按质量比 1∶100 置于玛瑙研钵中充分研磨至颗粒粒度小于 2 μm。

(3) 取出约 100 mg 混合物装入干净的压片模具内，并铺平。之后置于手压式压片机上，压至压力达 8~10 MPa，静止 1~1.5 min，制成透明试样薄片。

(4) 将试样薄片装在试样架上，并用洗耳球吹去边角散落的粉末，插入傅里叶变换红外光谱仪试样池的光路中，用纯 KBr 薄片为参比片。先粗测透射比是否超过 40%，若达到 40%，则按仪器操作方法从 4 000 cm^{-1} 扫谱至 400 cm^{-1}。若未达到 40% 的透射比，则重新压片。

(5) 测试结束后，取下试样架，取出薄片，按要求将压片模具组、试样架、玛瑙研钵等用酒精棉球擦拭干净并收好。

3. 液体试样苯乙酮(或苯甲醛)红外吸收谱图的测绘

(1) 可拆式液体试样池的准备。戴上手套，将可拆式液体试样池的氯化钠盐片从干燥器中取出，在红外灯下用少许滑石粉混入几滴无水乙醇对其表面进行抛光。之后用软纸擦净后，滴加无水乙醇 1~2 滴，再用吸水纸擦干净，反复几次，使盐片表面干净无污染，并于红外灯下烤干。

(2) 液体试样的测试。在可拆式液体试样池的金属池板上垫上橡胶圈，在孔中央位置放一个氯化钠盐片，然后滴半滴液体试样于盐片上。之后再取一个氯化钠盐片平压在上面(不能有气泡)，并将另一金属片盖上。谨慎地旋紧对角方向的螺丝，将盐片夹紧形成一层薄的液膜。把此液体试样池放于试样池的光路中，以空气作为参比，按仪器操作方法从 4 000 cm^{-1} 扫谱至 400 cm^{-1}。

(3) 扫谱结束后，取下试样池，松开螺丝，戴上手套，小心取出盐片。用软纸擦净液体，滴几滴无水乙醇洗去试样并将其擦干、烘干之后放入干燥器中保存。

(4) 将扫谱得到的固体试样苯甲酸(或对硝基苯甲酸)和液体试样苯乙酮(或苯甲醛)红外谱图与已知标准谱图进行对照比较,并找出主要吸收峰的归属。

五、注意事项

1. 为防止仪器受潮而影响使用寿命,红外实验室应保持干燥(相对湿度应在65%以下)。

2. 测试前,仪器需要预热 30 min,确保仪器状态稳定。

3. 固体试样的研磨要在红外灯下进行,防止试样吸水。

4. 用固体压片法制得的试样片必须无裂痕,局部无发白现象。试样片不能太厚也不能太薄,太厚会造成光不易透过,太薄则易碎。

5. 测试完毕,压片用的模具都应用酒精棉球擦拭干净,于红外灯下充分干燥。必要时用水清洗干净并擦干,置干燥器中保存,以免锈蚀。

6. 可拆式液体试样池的氯化钠盐片应保持干燥透明,每次测定前后均应在红外灯下反复用无水乙醇及滑石粉抛光,不能用水冲洗。烘干后保存在干燥器中。

7. 氯化钠盐片装入可拆式液体试样池架时,螺丝不宜拧得过紧,否则会压碎盐片。

六、思考题

1. 用固体压片法制样时,为什么要求将固体试样研磨到颗粒粒度在 2 μm 以下？为什么要求 KBr 粉末干燥？

2. 对于高聚物固体材料,很难研磨成细小的颗粒,采用什么制样方法比较可行？

3. 芳香烃的红外特征吸收在谱图的什么位置？

4. 羟基化合物红外谱图的主要特征是什么？

实验 7　荧光素钠的含量测定

一、实验目的

1. 掌握荧光分析法的基本原理。
2. 了解 F-7000 荧光光谱仪的基本结构、性能与操作方法。
3. 掌握荧光素钠的含量测定方法。

二、实验原理

荧光素钠在碱性溶液中是一种强荧光物质,荧光量子产率高达 0.85。其最大激发波长和最大发射波长分别为 496 nm 和 516 nm。在较低浓度下,其荧光强度(I)与浓度(c)成正比关系:

$$I = Kc$$

式中,K 在一定条件下为常数,根据这种现象,可采用荧光光谱法测定其浓度。

三、仪器与试剂

1. 仪器

F-7000 荧光光谱仪,石英试样池,容量瓶,移液管,洗耳球。

2. 试剂

(1) 1 mol·L^{-1} NaOH 溶液。

(2) 1.0×10^{-5} mol·L^{-1} 荧光素钠储备液。

称取 0.018 8 g 荧光素钠标准试样于小烧杯中,加 1 mol·L^{-1} NaOH 溶液 5 mL 溶解后转入 50 mL 容量瓶中,以蒸馏水稀释至刻度并摇匀。取 1.0 mL 该溶液,转入 100 mL 容量瓶中,加 1 mol·L^{-1} NaOH 溶液 10 mL,以蒸馏水稀释至刻度,摇匀。

(3) 荧光素钠注射液(标示量:0.1 g·mL^{-1})。

四、实验步骤

1. 系列标准溶液的配制

取荧光素钠储备液 0.5 mL、1.0 mL、1.5 mL、2.0 mL、3.0 mL 于 5 只 25 mL 容量瓶中,再分别加入 1 mol·L^{-1} NaOH 溶液 2.5 mL,以水稀释至刻度,摇匀。

2. 激发光谱与发射光谱的扫描

设定激发狭缝和发射狭缝为 2.5 nm,设定激发波长为 496 nm,在 470~600 nm 的波长范围内扫描发射光谱;设定发射波长为 516 nm,在 440~540 nm 的波长范围内扫描激发光谱。在激发光谱和发射光谱上分别找出最大激发波长和最大发射波长。

3. 标准溶液的荧光测定

以最大激发波长的光激发试样,对各标准溶液在 470~600 nm 的波长范围内扫描荧光光谱,记录其在最大发射波长处的荧光强度。每种溶液重复扫描三次,取其平均值。

4. 注射液的浓度测定

取荧光素钠注射液 1.0 mL,转入 1 000 mL 容量瓶中,加入 1 mol·L^{-1} NaOH 溶液 100 mL,以蒸馏水稀释至刻度并摇匀。移取该溶液 1.0 mL 至 50 mL 容量瓶中,加入 1 mol·L^{-1} NaOH 溶液 5 mL,以蒸馏水稀释至刻度并摇匀。所得溶液同上法测定其荧光强度。

五、数据处理

1. 将标准溶液的浓度为横坐标、荧光强度为纵坐标,进行线性回归,拟合回归方程。

2. 根据试样的荧光强度,以回归方程计算其浓度,并换算为荧光素钠注射液的含量,将结果与其标示量进行对比。

六、思考题

1. 荧光光谱仪和分光光度计的光路有何区别,为什么?
2. 荧光素钠进行荧光测定前,为何要稀释至极低浓度?

实验 8　荧光光谱法测定铝离子

一、实验目的

1. 掌握直接荧光光谱法测定铝离子的基本原理和方法。
2. 熟悉荧光光谱测定、溶剂萃取等基本操作。

二、实验原理

铝离子本身无荧光,无法采取荧光光谱法进行测定,但是它可与 8-羟基喹啉反应形成可发射荧光的络合物。该络合物为脂溶性物质,可被氯仿有效地从水相中萃取出来。萃取液以荧光法进行测定,最大激发波长和最大发射波长分别为 390 nm 和 510 nm,依此可建立测定铝离子的直接荧光光谱法。

三、仪器与试剂

1. 仪器

F-7000 荧光光谱仪,石英试样池,分液漏斗(125 mL),长颈漏斗,移液管和容量瓶若干。

2. 试剂

(1) 2.0 μg·mL^{-1} 铝离子储备液。

溶解 1.760 g 硫酸铝钾[$Al_2(SO_4)_3·K_2SO_4·24H_2O$]于 20 mL 水中,滴加 1∶1硫酸至溶液澄清,移至 100 mL 容量瓶中,用蒸馏水稀释至刻度并摇匀。准确移取所得溶液 2.0 mL 至 1 000 mL 容量瓶中,用蒸馏水稀释至刻度并摇匀。

(2) 8-羟基喹啉溶液(2%)。

溶解 2 g 8-羟基喹啉于 6 mL 冰醋酸中,用水稀释至 100 mL。

(3) 缓冲溶液。

每升含醋酸铵 200 g 及浓氨水 70 mL。

(4) 氯仿(AR)。

四、实验步骤

1. 系列标准溶液的配制

取 6 只 50 mL 容量瓶,分别加入 0 mL、10.0 mL、20.0 mL、30.0 mL、40.0 mL 和 50.0 mL 铝离子储备液,用水稀释至刻度,摇匀。

2. 荧光络合物的生成与萃取

取 6 个 125 mL 分液漏斗(如有漏液现象,依下法配制甘油淀粉糊涂抹旋塞:可溶性淀粉 9 g,加甘油 22 g 混匀加热至 140 ℃保持 30 min,并不断搅拌至透明,放冷),先各加入水 45 mL,再分别加入以上标准溶液各 5.0 mL。沿壁向每个漏斗加入 8-羟基喹啉溶液和缓冲溶液各 2 mL。摇匀反应 5 min 后,以氯仿萃取 2 次,每次 10 mL。有机相通过干燥脱脂棉滤入 50 mL 容量瓶中,并以少量氯仿洗涤脱脂棉,洗液并入容量瓶中,以氯仿稀释至刻度并摇匀。

3. 激发光谱和发射光谱的绘制

设定激发狭缝和发射狭缝 5 nm,以设定激发波长为 390 nm,在 450~600 nm 的波长范围内扫描发射光谱;以设定发射波长为 510 nm,在 330~460 nm 的波长范围内扫描激发光谱。在激发光谱和发射光谱上分别找出最大激发波长和最大发射波长。

4. 标准溶液荧光的测量

以最大激发波长的光激发试样,对各标准溶液在 450~600 nm 的波长范围内扫描荧光光谱,记录其在最大发射波长处的荧光强度。每种溶液重复扫描三次,取其平均值。

5. 未知试样的测定

取未知试样溶液,按步骤 2 处理后,依照步骤 4 条件测定其荧光强度。

五、数据处理

1. 将标准溶液的浓度为横坐标、荧光强度为纵坐标,进行线性回归,拟合回归方程。
2. 根据未知试样的荧光强度,以回归方程计算其浓度。

六、思考题

1. 氯仿萃取液为何要以干燥脱脂棉过滤?
2. 分液漏斗旋塞处是否可用凡士林处理?为什么?

实验 9 电感耦合等离子体原子发射光谱法测定自来水中的多种微量元素

一、实验目的

1. 掌握电感耦合等离子体原子发射光谱(ICP-AES)分析方法的基本原理。
2. 掌握 ICP-AES 同时测定多种元素的分析方法。
3. 掌握 ICP-AES 试样分析中元素检出限的确定方法。

二、实验原理

ICP-AES 分析是将试样在等离子体光源中激发,使待测元素发射出特征波长的辐射,经过分光,测量其强度而进行定量分析的方法。电感耦合等离子体光谱仪主要由高频发生器、ICP 炬管、耦合线圈、进样系统、分光系统、检测系统及计算机控制、数据处理系统构成。由于 ICP 光源具有激发能力强、稳定性好、基体效应小、检出限低等优点,而且光源的自吸效应很小,因此校准曲线的线性范围很宽,可达到几个数量级。可以用校准曲线法、标准加入法及内标法进行试样中待测元素的定量分析,方法简便、快速、准确。

检出限是评价一种分析方法性能的重要指标。国际纯粹与应用化学联合会(IUPAC)推荐,分析物的检出限是能以适当的置信水平被检出的最小分析信号测量值所对应的分析物浓度。对于 ICP-AES,检出限可以用下式表示:

$$c_L = K \frac{S_{xb}}{S} = K S_c$$

式中,c_L 为分析元素检出限;K 为置信因子,其值越大置信水平就越高,一般推荐

K 取 3,此时的置信水平为 99.6%;S_{xb} 为空白溶液背景信号测量值的标准偏差;S 为灵敏度,即分析校准曲线的斜率;S_c 为测出空白浓度的标准偏差。可见,只要测出 S_c 就可获得元素的检出限。S_c 通常由空白溶液平行测定 21 次统计得到。

三、仪器与试剂

1. 仪器

iCAP 6300 全谱直读光谱仪

高频功率:1 150 W　　　　　冷却气流量:12 L·min^{-1}

辅助气流量:0.5 L·min^{-1}　　载气流量:1.0 L·min^{-1}

蠕动泵转速:50 r·min^{-1}

2. 试剂

1.000 mg·mL^{-1} 多元素标准储备液,浓盐酸(AR),高纯水,自来水样。

四、实验步骤

1. 配制质量浓度为 0.1 μg·mL^{-1},0.5 μg·mL^{-1},1.0 μg·mL^{-1},5.0 μg·mL^{-1},10.0 μg·mL^{-1} 多元素系列标准溶液,所有溶液都要用 5% HCl 高纯水溶液进行定容。自来水样经过过滤和适当酸化处理后备用。

2. 按照 iCAP 6300 全谱直读光谱仪的基本操作步骤完成准备工作,开机及点燃 ICP 炬,ICP 炬点燃 30 min 后可进行分析。

3. 进行标准化,绘制标准曲线。

4. 以 5% HCl 高纯水溶液为空白溶液,平行测定 21 次,得到 S_c,以计算元素的检出限。

5. 喷入制备好的自来水样,采集测试数据。根据试样数据,进行计算机自动在线结果处理,打印测定结果。

6. 确认所有分析工作完成后,用 5% HCl 高纯水溶液冲洗 5 min,再用高纯水冲洗 5 min,然后熄灭 ICP 炬。5 min 后关冷却水,待 CID 检测器温度升至室温后关闭氩气。最后关闭排风。

7. 报告测定结果。

五、注释

1. 实验过程中要经常观察雾化器雾化是否正常,废液是否流出,雾室中不能有积液。

2. 熄灭 ICP 炬后,等到 CID 温度上升到室温后才能关闭氩气,避免检测器表面结霜。

3. 等离子体发射很强的紫外光,易伤害眼睛,应通过有色玻璃防护窗观察 ICP 炬。

六、思考题

1. ICP-AES 全谱直读光谱法具有哪些优越的分析性能?
2. 为什么 ICP 光源能够提高原子发射光谱分析的灵敏度和准确度?

实验 10 ICP-AES 全谱直读光谱法测定纯锌试样中的杂质元素

一、实验目的

1. 进一步掌握 ICP-AES 分析方法的基本原理和同时测定多种元素的分析方法。
2. 学习固体试样的处理方法。

二、实验原理

中华人民共和国国家标准(GB/T 470—1997)规定锌锭分为 $0^\#$、$1^\#$、$2^\#$、$3^\#$ 四个等级,等级的划分主要是依据锌的含量和杂质总量来进行的。纯锌试样通常含有 Pb、Cd、Fe、Cu、Sn、Al、As、Sb 等多种元素,若采用分光光度法或火焰原子吸收光谱法测定这些元素的含量,既麻烦又耗时。ICP-AES 分析方法具有分析速度快、灵敏度高、稳定性好、线性范围宽、基体干扰小、可多元素同时分析等优点。采用 ICP-AES 分析方法测定纯锌试样中的杂质元素,不仅可以大大提高分析效率,还可以使分析结果更加准确可靠。

三、仪器与试剂

1. 仪器

iCAP 6300 全谱直读光谱仪

高频功率:1 150 W 冷却气流量:12 L·min^{-1}
辅助气流量:0.5 L·min^{-1} 载气流量:1.0 L·min^{-1}
蠕动泵转速:50 r·min^{-1}

2. 试剂

1.000 mg·mL^{-1} 多元素标准储备液,浓盐酸(AR),高纯水,纯锌试样。

四、实验步骤

1. 纯锌试样溶液的制备。

用电子分析天平准确称取 0.5 g 左右的纯锌试样于 100 mL 烧杯中,加入 10 mL 1∶1 盐酸,盖上表面皿,在电热板上加热溶解。待锌粒溶完后,将溶液蒸发近干,用洗瓶冲洗表面皿和烧杯内壁。冷却后将其转移到 25 mL 容量瓶中,用 5% 的 HCl 高纯水溶液定容,摇匀备用。

2. 配制质量浓度为 $0.1~\mu g \cdot mL^{-1}$,$0.5~\mu g \cdot mL^{-1}$,$1.0~\mu g \cdot mL^{-1}$,$5.0~\mu g \cdot mL^{-1}$,$10.0~\mu g \cdot mL^{-1}$ 多元素系列标准溶液,所有溶液都要用 5% HCl 高纯水溶液进行定容。

3. 按照 iCAP 6300 全谱直读光谱仪的基本操作步骤完成准备工作,开机及点燃 ICP 炬,ICP 炬点燃 30 min 后可进行分析。

4. 进行标准化,绘制标准曲线。

5. 喷入制备好的纯锌试样溶液,采集测试数据。根据试样数据,进行计算机自动在线结果处理,根据测定结果计算杂质元素的质量分数(%)。

$$w_x = \frac{\rho V \times 10^{-6}~g \cdot \mu g^{-1}}{m} \times 100\%$$

式中,ρ 为测定纯锌试样中杂质元素的质量浓度,单位为 $\mu g \cdot mL^{-1}$;V 为溶液的体积,单位为 mL;m 为试样的质量,单位为 g。

6. 确认所有分析工作完成后,用 5% HCl 高纯水溶液冲洗 5 min,再用高纯水冲洗 5 min,然后熄灭 ICP 炬。5 min 后关冷却水,待 CID 检测器温度升至室温后关闭氩气。最后关闭排风。

7. 报告测定结果。

五、注释

1. 溶样过程中要等溶液冷却后再转移至容量瓶中定容,以免定容体积产生误差。

2. 如果试样盐分较高应随时观察雾化情况,防止雾化器口堵塞。试样未完全溶解严禁上机测定。

六、思考题

1. 采用 ICP-AES 全谱直读光谱法进行多元素分析的优点是什么?
2. 如何选择多元素同时分析仪器的工作参数?

实验 11　原子吸收光谱法最佳实验条件的选择

一、实验目的

1. 了解原子吸收分光光度计的构造及使用方法。
2. 掌握原子吸收光谱法最佳实验条件选择的方法。

二、实验原理

在火焰原子吸收光谱分析中,分析方法的准确度和灵敏度在很大程度上取决于实验条件,因此,最佳实验条件的选择非常重要。

在原子吸收光谱分析中,通常选择共振线作为分析线测定具有较高的灵敏度。

使用空心阴极灯时,工作电流不能超过最大允许的工作电流。若灯的工作电流过大,则易产生自吸现象,热变宽增强,谱线变宽,测定灵敏度降低,工作曲线弯曲,灯寿命短。灯的工作电流小,谱线变宽小,灵敏度高,但若灯的工作电流过低,则发光强度减弱,发光不稳定,信噪比下降。在保证稳定和适当光强输出的前提下应尽可能选择较低的灯的工作电流。

燃气和助燃气的流量比(燃助比)直接影响测定的灵敏度,燃助比为 1∶4 的化学计量火焰温度较高,火焰稳定,背景低,噪声小,大多数元素都用这种火焰。燃助比小于 1∶6 的火焰为贫燃火焰,该火焰燃烧充分,温度较高,用于不易氧化的元素的测定。燃助比大于 1∶3 的火焰为富燃火焰,该火焰温度较低,噪声较大,但其还原性较强,适合测定易形成难解离氧化物的元素。

在不同的火焰高度,待测元素基态原子的浓度分布是不均匀的,故火焰高度不同,基态原子浓度也不同。

本实验以镁元素为例对分析线、灯的工作电流、光谱通带、燃助比和燃烧器高度进行选择。

三、仪器与试剂

1. 仪器

TAS-990 火焰原子吸收分光光度计,镁空心阴极灯,空气压缩机,乙炔钢瓶。

2. 试剂

1.000 mg·mL^{-1} 镁离子标准储备液,1.0 μg·mL^{-1} 镁标准使用溶液。

四、实验步骤

1. 按操作规程,启动仪器
2. 最佳实验条件的选择

(1) 分析线的选择。

在 285.21 nm,280.27 nm,279.55 nm 和 202.58 nm 波长下分别测定 1.0 μg·mL^{-1} 镁标准溶液的吸光度。根据对分析试样灵敏度的要求、干扰情况,选择合适的分析线。试液浓度低时,选择灵敏线,试液浓度高时,选择次灵敏线,并要选择没有干扰的谱线。

(2) 灯的工作电流的选择。

在(1)选择的波长下,喷雾 1.0 μg·mL^{-1} 镁标准溶液,每改变一次灯的工作电流,记录相应的吸光度信号。每测定一个数值前,必须喷入二次水调零(以下实验均同样操作)。绘制吸光度-灯的工作电流曲线,确定最佳灯的工作电流值。

(3) 燃助比的选择。

固定其他条件和助燃气流量,喷入 1.0 μg·mL^{-1} 镁标准溶液,改变燃气流量,记录相应的吸光度。绘制吸光度-燃气流量曲线,确定最佳燃助比。

(4) 燃烧器高度的选择。

喷入 1.0 μg·mL^{-1} 镁标准溶液,改变燃烧器的高度,记录相应的吸光度。绘制吸光度-燃烧器高度曲线,确定最佳燃烧器高度。

(5) 光谱通带的选择。

用以上选定的条件,喷入 1.0 μg·mL^{-1} 镁标准溶液,改变狭缝宽度,测出相应的吸光度,不引起吸光度值减小的最大狭缝宽度,即为合适的狭缝宽度。

(6) 确定原子吸收光谱法测定镁的最佳实验条件。

五、注释

乙炔为易燃易爆气体,必须严格按照操作步骤工作。在点燃乙炔火焰之前,应先开空气,后开乙炔气;结束或暂停实验时,应先关乙炔气,后关空气。乙炔钢瓶的工作压力一定要控制在所规定的范围内,不得超压工作,以保障安全。

六、思考题

1. 简述仪器最佳实验条件对实际测量的意义。
2. 为什么火焰原子吸收光谱法对助燃气与燃气开与关的先后顺序要严格地按操作步骤进行?

3. 使用空心阴极灯时应注意什么事项？

实验 12　火焰原子吸收光谱法灵敏度和自来水中镁含量的测定

一、实验目的

1. 掌握原子吸收光谱法进行元素定量分析（标准曲线法、标准加入法）的基本原理。
2. 掌握原子吸收光谱法特征浓度的计算。
3. 进一步熟悉原子吸收光谱仪的基本操作。

二、实验原理

在使用锐线光源的条件下，基态原子蒸气对共振线的吸收，符合朗伯-比尔定律，即

$$A = \lg(I_0/I_t) = KLN_0$$

式中，A 为吸光度，I_0 为入射光的强度，I_t 为透射光的强度，K 为吸收系数，L 为吸收介质的厚度，N_0 为基态原子的数目。

在试样原子化时，当火焰温度低于 3 000 K 时，对大多数元素来讲，原子蒸气中基态原子的数目 N_0 实际上十分接近原子总数 N。在一定实验条件下，待测元素的原子总数 N 与该元素在试样中的浓度 c 成正比，则

$$A = kc$$

用 A-c 标准曲线法或标准加入法，可以求算出元素的含量。

采用标准曲线法时，需配制一系列待测元素的标准溶液，分别测出它们的吸光度 A，以 A 对 c 作图，经线性回归得到标准曲线。在与测量标准曲线相同的分析条件下，测出待测试液的吸光度 A_x，由 A_x 在标准曲线下查得待测元素的浓度 c_x。

采用标准加入法时，一般是量取 5 份等量的待测试液，在其中 4 份中分别加入不同量的待测元素的标准溶液，再稀释到同一体积，然后分别测定其吸光度。绘制吸光度对待测元素加入量 c_s 的曲线，将此曲线外推，与浓度坐标的交点即为试样中待测元素的含量。

由原子吸收光谱灵敏度的定义，按下式计算灵敏度 S：

$$S = \frac{c \times 0.004\ 4}{A} \quad (\text{mg} \cdot \text{L}^{-1})$$

三、仪器与试剂

1. 仪器

TAS-990 型原子吸收分光光度计,镁空心阴极灯,空气压缩机,乙炔钢瓶。

2. 试剂

$1.000\ \text{mg} \cdot \text{mL}^{-1}$ 镁离子标准储备液,$1.0\ \mu\text{g} \cdot \text{mL}^{-1}$ 镁标准使用溶液。

四、实验步骤

1. 仪器参数的设置

根据实验 11 确定的测定镁的最佳实验条件设置仪器的工作参数。

2. 标准曲线法

(1) 配制质量浓度为 $0.05\ \mu\text{g} \cdot \text{mL}^{-1}$,$0.10\ \mu\text{g} \cdot \text{mL}^{-1}$,$0.20\ \mu\text{g} \cdot \text{mL}^{-1}$,$0.30\ \mu\text{g} \cdot \text{mL}^{-1}$,$0.40\ \mu\text{g} \cdot \text{mL}^{-1}$ 镁系列标准溶液,在选定的仪器工作条件下,以二次水为空白,分别测定镁系列标准溶液的吸光度,作出吸光度-镁溶液浓度的标准曲线,计算回归方程,并确定在选定条件下测定镁的线性范围。

(2) 吸取自来水样 2.50 mL 两份,分别置于 100 mL 容量瓶中,用二次水稀释至刻度,摇匀,以二次水为空白,分别测定其吸光度,由标准曲线或回归方程计算镁的含量。

(3) 根据测量数据,计算该仪器测定镁的灵敏度 S。

3. 标准加入法

在 5 只 50 mL 容量瓶中,各加入 0.50 mL 自来水样(根据水样中镁含量的高低,加入自来水样的量可适当调整),再分别加入 $1.0\ \mu\text{g} \cdot \text{mL}^{-1}$ 镁标准溶液 0.00 mL,0.50 mL,1.00 mL,1.50 mL 和 2.00 mL,用二次水稀释至刻度。在选定的仪器工作条件下,以二次水为空白,分别测定其吸光度。绘制吸光度对镁加入量的曲线,将此曲线外推,由其与浓度坐标的交点求算镁元素的含量。

4. 结束实验

实验结束后,用二次水喷洗原子化系统 2 min,按关机程序关机。最后关闭乙炔钢瓶阀门,旋松乙炔稳压阀,关闭空气压缩机。

五、注释

乙炔为易燃易爆气体,必须严格按照操作步骤工作。在点燃乙炔火焰之前,应先开空气,后开乙炔气;结束或暂停实验时,应先关乙炔气,后关空气。乙炔钢瓶的工作压力一定要控制在所规定的范围内,不得超压工作,以保障安全。

六、思考题

1. 标准曲线法和标准加入法的适用范围是什么？在使用时各应注意什么问题？

2. 为什么要配制镁标准使用溶液？所配制的镁系列标准溶液可以放置到第二天再继续使用吗？为什么？

实验 13　原子荧光光谱法测定水样中的铅含量

一、实验目的

1. 了解原子荧光光度计的基本构造和原理。
2. 学习仪器的基本操作。

二、实验原理

原子荧光是原子蒸气受具有特征波长的光源照射后,其中一些自由原子被激发跃迁到较高能态,然后去活化回到某一较低能态(通常为基态)而发射出特征光谱的物理现象。当激发辐射的波长与产生荧光波长相同时,称为共振荧光,它是原子荧光分析中最主要的分析线。另外还有直跃线荧光、阶跃线荧光、敏化荧光等。各种元素都有其特定的原子荧光光谱,根据原子荧光强度的高低可测得试样中待测元素含量。这就是原子荧光光谱分析。

原子荧光强度 I_f 与试样中待测元素的浓度及激发光源的辐射强度等参数存在以下函数关系：

$$I_f = \Phi I_0$$

理想情况下：

$$I_f = \Phi I_0 A K_0 l N = Kc$$

式中,I_0 为入射光强度,Φ 为荧光量子效率,A 为入射光照射的有效面积,K_0 为峰值吸收系数,l 为吸收光程长度,N 为吸收辐射的基态原子密度,c 为试样中待测元素的浓度。

三、仪器与试剂

1. 仪器

AFS-830原子荧光光度计

负高压:260 V　灯的工作电流:60 mA　原子化器高度:8 mm

载气流量:400 mL·min^{-1}　屏蔽气流量:800 mL·min^{-1}　进样量:0.5 mL

2. 试剂

1.000 mg·mL^{-1}铅离子标准储备液,浓盐酸(AR),硼氢化钾(>98%),草酸(AR),铁氰化钾(AR),高纯水,自来水样。

四、实验步骤

1. 溶液的配制

(1) 载流液和还原剂。

载流液(2%盐酸):取10 mL盐酸溶于500 mL超纯水中。

还原剂(2%硼氢化钾):取10 g硼氢化钾,溶于500 mL 0.5%氢氧化钾溶液中。

(2) 增敏剂和掩蔽剂。

10%铁氰化钾和2%草酸的混合溶液。

(3) 标准溶液。

在5只50 mL的容量瓶中分别移取0.20 mL,0.40 mL,0.80 mL,1.00 mL,2.00 mL的铅标准溶液,然后再分别加入浓盐酸1.00 mL,加入10%铁氰化钾和2%草酸的混合溶液2.00 mL,定容至刻度,摇匀待测。此系列铅标准溶液的质量浓度相当于2.00 μg·mL^{-1},4.00 μg·mL^{-1},6.00 μg·mL^{-1},8.00 μg·mL^{-1},10.00 μg·mL^{-1},20.00 μg·mL^{-1}。

(4) 自来水样经过过滤和适当酸化处理后备用。

2. 分析检测

(1) 按照AFS-830原子荧光光度计的基本操作步骤完成准备工作,开机及点燃火焰,待元素灯和火焰稳定后即可开始测定。

(2) 将配制好的标准溶液分别加入试样管中,上机测定,采集测试数据,绘制标准曲线。

(3) 将处理好的自来水样加入试样管中,上机测定,采集测试数据。根据试样数据,进行计算机自动在线结果处理,打印测定结果。

五、注释

1. 配制还原剂时,要先配好0.5% KOH溶液,然后再加入硼氢化钾。

2. 若检测到的荧光强度很小时可适当增大负高压和灯的工作电流,但不能过大否则仪器的噪声也会相应增大。

六、思考题

1. 简述影响原子荧光测定的因素。
2. 比较原子荧光光度计与原子吸收分光光度计在结构上的异同点,并解释其原因。

实验 14　电位法测量水溶液的 pH

一、实验目的

1. 掌握直接电位法测定水溶液 pH 的原理。
2. 熟悉用酸度计测量 pH 的方法。
3. 了解用标准缓冲溶液定位的意义和温度补偿装置的作用。

二、实验原理

在进行 pH 测定时,把玻璃电极与饱和甘汞电极插入试液组成下列电池:

$$Hg, Hg_2Cl_2 | 饱和 KCl 溶液 \| 试液 | 玻璃膜 | 内参比溶液 | AgCl, Ag$$

该电池的电动势

$$E_{emf} = E_{glass} - E_{ref}$$

式中,E_{glass} 表示玻璃电极的电位,它包含待测物质的活度(或浓度)信息。E_{ref} 为参比电极的电位。在一定条件下,E_{ref} 为常数,又

$$E_{glass} = k - (0.059 \text{ V}) \text{pH}$$

因此电池的电动势可简写为

$$E_{emf} = K - (0.059 \text{ V}) \text{pH}$$

若上式中 K 值已知,则可由测得的 E_{emf} 计算出待测溶液的 pH。但由于 K 值不易求得,在实际工作中,常采用已知的标准缓冲溶液作为基准,比较待测溶液和标准溶液两个电池的电动势来确定待测溶液的 pH,该方法称为直接比较法。因此,在测定 pH 时,先用标准缓冲溶液校正酸度计(亦称定位),以消除 K 值的影响。

三、仪器与试剂

1. 仪器

pHS-2F 型数字式酸度计，pH 玻璃电极，饱和甘汞参比电极。

2. 试剂

广范 pH 试纸，未知 pH 试液。

三种 pH 标准缓冲溶液，配制方法如下：

(1) pH = 4.00 标准缓冲溶液。

准确称取在 110 ℃烘干 1～2 h 的邻苯二甲酸氢钾($KHC_8H_4O_4$)10.21 g，在烧杯中溶解后转移至 1 000 mL 容量瓶中，稀释至刻度，摇匀（也可用市售标准缓冲溶液试剂，按规定配制）。

(2) pH = 6.86 标准缓冲溶液。

准确称取磷酸二氢钾(KH_2PO_4)3.39 g 和磷酸氢二钠(Na_2HPO_4)3.53 g 于烧杯中，用水溶解，转移至 1 000 mL 容量瓶中，稀释至刻度，摇匀。

(3) pH = 9.18 标准缓冲溶液。

准确称取 3.80 g 硼砂($Na_2B_4O_7 \cdot 10H_2O$)，在烧杯中溶解后，转移至 1 000 mL 容量瓶中，稀释至刻度（所用蒸馏水需煮沸以除去 CO_2），摇匀。

四、实验步骤

1. 玻璃电极响应斜率的测定

一支功能良好的玻璃电极，应该有理论上的 Nernst 响应，即在不同 pH 的缓冲溶液中测得的电极电位与 pH 呈线性关系，在 25 ℃其斜率为 59 mV·pH^{-1}。测定方法如下。

(1) 接通仪器电源，安装好玻璃电极和甘汞电极，将测量选择开关旋转到 mV 挡。

(2) 在 50 mL 烧杯中加入 20 mL 左右的邻苯二甲酸氢钾缓冲溶液，将电极浸入其中，待液晶屏显示数值稳定后读数，记下数据 E（单位为 mV）。

(3) 用蒸馏水轻轻冲洗电极，用滤纸吸干。在 50 mL 烧杯中加入 20 mL 左右的硼砂缓冲溶液，按上法操作测量 E 值。

(4) 同(3)的操作，更换 pH = 6.86 的缓冲溶液，测其 E 值。

2. 试液的 pH 测定

(1) 把测量开关旋转到"pH"挡。

(2) 将电极用水冲洗干净，用滤纸吸干。

(3) 先用广范 pH 试纸初测试液的 pH，再用与试液 pH 相近的标准缓冲溶液校正仪器,即调节"定位"旋钮,使液晶显示屏显示的 pH 与标准缓冲溶液一致。(例如,若测 pH 为 9 左右的试液,应选用 pH=9.18 的标准缓冲溶液定位。)

(4)校正完毕后,不得再转动定位调节旋钮,否则应重新进行校正工作。用蒸馏水冲洗电极,用滤纸吸干后,将电极插入试液中,摇动烧杯,待显示数值稳定后,读取 pH。

3. 结束实验

取下电极,用水冲洗干净,妥善保存,实验完毕。

五、数据处理

1. 用以上测得的 E 值对 pH 作图,求其直线的斜率。该斜率即为玻璃电极的响应斜率,若电极响应斜率偏离理论值($59 \text{ mV} \cdot \text{pH}^{-1}$)很多,则此电极不能使用。

2. 记录所测试样溶液的 pH。

六、思考题

1. 测定 pH 时为什么要选用与待测溶液的 pH 相近的标准缓冲溶液来定位?
2. 为什么普通的毫伏计不能用于测量 pH?
3. 使用 pH 玻璃电极时应该注意些什么?

实验 15　离子选择性电极法测定牙膏中总氟含量

一、实验目的

1. 掌握直接电位法的基本原理和实验操作技能。
2. 了解离子选择性电极的类型及其应用,学习离子计的使用。
3. 了解总离子强度调节缓冲溶液的意义和作用。
4. 熟悉用标准曲线法测定牙膏中 F^- 的浓度。

二、实验原理

氟是最活泼的非金属元素,自然界中不存在单质氟。氟也是人体必不可少的微量元素之一,成年人平均每人每天安全和适宜的氟摄入量为 3.0~4.5 mg,过多过少都可能引起疾病。适量氟对人体有益,摄入量过低会产生龋齿,但是摄入量长期超过正常需要,将导致地方性氟病。测定氟离子含量常用的方法之一是氟离子选择性电极法。它属于电分析化学电位分析法。具有电极结构简单牢固、灵敏度高、响应速度快、能克服色泽干扰、精度高等优点,而且便于携带、操作简单,因而被广泛应用。

氟离子选择性电极(fluoride ion selective electrode,FISE)是晶体均相膜电极的一种,由 LaF$_3$ 单晶制成的,对氟离子具有特异性识别的敏感膜电极,其结构如图 2-2-1 所示,是用电位法测量溶液中氟离子活度的指示电极。

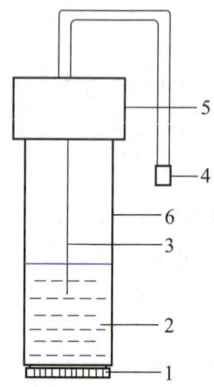

1—氟化镧单晶膜;2—内参比溶液;3—内参比电极;4—电极插头;5—电极罩帽;6—电极支持杆

图 2-2-1　氟离子选择性电极结构示意图

当控制测定体系的离子强度为一定值时,氟离子选择性电极的电动势与氟离子浓度的对数值呈线性关系。

$$E_{ISE} = K - \frac{RT}{nF}\ln a_{F^-}$$

若在待测溶液中加入适量的离子强度调节剂使离子强度保持不变,则活度系数为一常数,离子活度可由浓度代替。则 $E_{电池}$ 与 $\lg[F^-]$ 呈线性关系。作出 $E_{电池}$-$\lg[F^-]$ 标准曲线,根据试样的 $E_{电池}$ 求得氟离子浓度。在电位分析中,通常采用加入总离子强度调节缓冲溶液(TISAB)的方法来控制溶液的总离子强度。

三、仪器与试剂

1. 仪器

配有氟离子选择性电极的 pHS-2F 型电位计,饱和甘汞电极,电磁搅拌器。

2. 试剂

(1) 1.0×10^{-3} mol·L^{-1} F$^-$ 标准储备液。

(2) 总离子强度缓冲溶液(TISAB):称取 NaCl 58 g,柠檬酸钠 Na$_3$C$_6$H$_5$O$_7$·2H$_2$O 12 g,取冰醋酸 57 mL,溶于 500 mL 水中,搅拌溶解。缓缓加入 6 mol·L^{-1} NaOH 溶液,调节 pH 为 5.5~6.5,冷却后转移至 1 000 mL 容量瓶中,加水稀释至刻度线,摇匀后储存于聚乙烯瓶中。

（3）溴钾酚绿指示剂。

四、实验步骤

1. 试样预处理

准确称取 1.0 g 含氟牙膏样，置于塑料小烧杯中，加入 10 mL 浓热盐酸，充分搅拌约 20 min，用中速定量滤纸过滤，热水充分洗涤。之后往滤液中加 1~2 滴溴钾酚绿指示剂（呈黄色），先用 NaOH 溶液中和至刚变蓝，再用稀盐酸调至刚变黄（pH=6.0），转入 100 mL 容量瓶中，定容备用。

2. 仪器准备

仪器预热 20 min，校正仪器，调节仪器零点。将氟电极接仪器负极接线柱，甘汞电极接仪器 E 接线柱，将两电极插入蒸馏水中，开动搅拌器，反复清洗电极至空白电位(-300 mV)。

3. 标准曲线的制作

分别取 1.0×10^{-3} mol·L^{-1} F^- 标准溶液 0.5 mL，1.00 mL，5.00 mL，10.00 mL 于 4 只 100 mL 容量瓶中，加入 20 mL TISAB 溶液，用去离子水稀释至刻度。将系列标准溶液由低浓度到高浓度依次转入干的塑料杯中，放入搅拌子，电极插入待测试液，开动搅拌器 5~8 min 后，停止搅拌，读取平衡电位，在坐标纸上作 E-lg[F^-] 曲线（或用计算机制作工作曲线，并求出电极斜率）。

4. 牙膏中含氟量的测定

取牙膏滤液样 10.00 mL 于 100 mL 容量瓶中，加 20.00 mL TISAB 溶液，用水稀释至刻度。再将溶液转入干燥的塑料杯中，测 E 值。

五、数据处理

1. 氟离子选择性电极用蒸馏水洗 3 次，确定电位稳定值。
2. 绘制 E-lg[F^-] 工作曲线并得到线性回归方程。
3. 由测得牙膏滤液的电位值，代入方程计算出最终牙膏样中氟的含量 c_F。

六、思考题

1. 本实验中加入总离子强度调节缓冲溶液的目的是什么？
2. 为什么要把氟电极洗至一定的电位？
3. 为什么此实验中要控制待测溶液 pH 为 6 左右？

实验 16　电位滴定法测定 I^- 含量

一、实验目的

1. 了解电位分析法在电位滴定中的应用；
2. 掌握电位滴定法测定 I^- 含量的原理及操作步骤；
3. 掌握电位滴定法的数据处理方法。

二、实验原理

电位滴定法是根据滴定过程中指示电极电位的变化来确定终点的定量分析方法。在电位滴定中，将规定的指示电极和参比电极浸入同一待测溶液，滴定过程中参比电极的电位保持恒定，指示电极的电位不断改变，在化学计量点前后溶液中待测物质的微小变化就会引起指示电极电位的急剧变化，指示电极电位的突跃点就是滴定终点。

通常电位滴定法可以分成以下四种：酸碱滴定、氧化还原滴定、络合滴定和沉淀滴定。近年来，电位滴定法得到了快速发展，该方法可用于某些一般滴定法不能测定的反应，并能避免依靠指示剂颜色变化来指示滴定终点所带来的误差，以及分析人员的主观因素和操作技术等引起的误差，因此准确度和精密度要优于传统滴定法。

碘是人体必需的微量元素，是合成甲状腺素的原料。一旦人体缺少碘，就会出现一系列的病态，如甲状腺肿大、智力缺陷等。关于物质中碘含量的测定方法研究较多，如高锰酸钾法、碘量法、分光光度法、极谱法等。这些方法均比较传统，也存在一定的检测缺陷。例如，碘量法的滴定终点不易确定等。

本实验使用 ZDJ-4A 型自动电位滴定仪，采用 $AgNO_3$ 标准溶液为滴定剂，银电极为指示电极，饱和甘汞电极为参比电极测定溶液中 I^- 含量，滴定反应为

$$Ag^+ + I^- \longrightarrow AgI$$

滴定过程中，指示电极的电位可以根据能斯特公式计算。

化学计量点前，银电极的电位取决于 I^- 的浓度：

$$E = E^{\ominus}_{AgI/Ag} - (0.059 \text{ V}) \lg[I^-]$$

化学计量点时，$[Ag^+] = [I^-]$，根据 $K_{sp}(AgI)$ 求出 Ag^+ 的浓度，由此计算出银电极的电位。

化学计量点后，银电极的电位取决于 Ag^+ 的浓度，其电位由下式计算：

$$E = E^{\ominus}_{\text{AgI/Ag}} + (0.059 \text{ V}) \lg[\text{Ag}^+]$$

所以化学计量点前后,银电极的电位有明显的突跃。

滴定终点可由电位滴定曲线即 E-V 曲线、$\Delta E/\Delta V$-V 一次微商曲线和 $\Delta^2 E/\Delta V^2$-V 二次微商曲线来确定,并根据滴定时所用标准溶液的体积及浓度来计算碘含量。

三、仪器与试剂

1. 仪器

ZDJ-4A 型自动电位滴定仪、银电极、217-01 型双盐桥式饱和甘汞电极(双液接饱和甘汞电极)、电子分析天平、移液管、容量瓶、烧杯、洗耳球等。

2. 试剂

KI 固体、$AgNO_3$(GR)固体、二次蒸馏水。

四、实验步骤

1. 试剂配制

(1) 0.100 0 mol·L^{-1} $AgNO_3$ 标准溶液。

准确称取 1.698 7 g 固体 $AgNO_3$,用二次蒸馏水溶解后定容至 100 mL 容量瓶中备用。

(2) KI 溶液。

称取约 5 g KI 固体溶于 500 mL 烧杯中,加二次蒸馏水稀释至 300 mL 备用。

2. 准备工作

打开滴定仪,预热半小时,检查线路连接,完成电极的标定校正。再用二次蒸馏水和滴定剂($AgNO_3$ 标准溶液)先后清洗滴定管多次。

3. 滴定实验

(1) 将 0.100 0 mol·L^{-1} $AgNO_3$ 标准溶液装入滴定管中,用移液管准确移取 KI 溶液 25 mL,转移至滴定池并加入磁子,用银电极作指示电极,饱和甘汞电极作参比电极。

(2) 选择滴定模式,设置仪器参数。

(3) 开启滴定。在不断搅拌下将 $AgNO_3$ 标准溶液滴加到滴定池中,每加入一定量的 $AgNO_3$ 标准溶液后即可在滴定仪上得到一个稳定电位,如此即可得到一系列的 $AgNO_3$ 标准溶液体积(V)和相应电位(E)的数据。一般情况下,滴定开始时每加 1.00 mL 记录一次数据;电位突跃前后 1 mL 时,每加 0.1 mL 记录一次;过化学计量点后再每加 0.50 mL 或 1.00 mL 记录一次。

4. 结束实验

实验结束后,将仪器复原,用二次蒸馏水清洗电位滴定仪,洗净电极并妥善保存,以免影响后续使用。

五、数据处理

1. 根据 $AgNO_3$ 标准溶液滴定 I^- 溶液所消耗的体积(V)和相应电位(E)的数据,计算出 ΔV、ΔE、$\Delta E/\Delta V$、$\Delta^2 E/\Delta V^2$ 等数据。

2. 绘制电位滴定曲线:$E-V$ 曲线,以及 $\Delta E/\Delta V-V$、$\Delta^2 E/\Delta V^2-V$ 曲线。

3. 确定滴定终点。

4. 根据滴定终点所消耗的 $AgNO_3$ 标准溶液的体积,可通过下式计算 I^- 浓度。

$$25.00 \text{ mL} \times c = 0.100\ 0 \text{ mol} \cdot L^{-1} \times V$$

式中,c 是 I^- 溶液的浓度,$mol \cdot L^{-1}$;V 是滴定终点所消耗 $AgNO_3$ 标准溶液的体积,mL。

六、注释

1. 因为测定的为 I^-,所以要用带有硝酸钾盐桥的饱和甘汞电极作为参比电极。

2. 用 $AgNO_3$ 标准溶液滴定时,每加入一滴 $AgNO_3$ 标准溶液后,要充分搅拌使反应完全。

3. 接近终点时,$AgNO_3$ 标准溶液的滴加量要仔细,注意电位的变化大小。

4. 银电极使用前需要用细砂纸或沾有去污粉的滤纸轻轻打磨,然后用水洗净,再用滤纸擦干。

5. 滴定结束后,银电极要用擦镜纸擦净,再用氨水及水多次冲洗,以保证测定数据的重复性。

七、思考题

1. 本实验中是否可以用一般的甘汞电极作为参比电极?为什么?

2. 试评价电位滴定法与化学分析中的使用指示剂指示终点的滴定分析法的异同。

实验 17　循环伏安法研究电极反应过程

一、实验目的

1. 学习电化学工作站的使用及固体电极表面的处理方法。
2. 掌握用循环伏安法判断电极过程的可逆性。

二、实验原理

循环伏安法是以等腰三角形的脉冲电压加在工作电极上,在电极上施加线形扫描电压,当到达设定的终止电压后,再反向回扫至某设定的起始电压。得到的电流电压曲线包括两个分支,如果前半部分电位向阴极方向扫描,电活性物质在电极上还原,产生还原峰,那么后半部分电位向阳极方向扫描时,还原产物又会重新在电极上氧化,产生氧化峰。因此一次三角波扫描,完成一个还原和氧化过程的循环,故该法称为循环伏安法,其电流-电压曲线称为循环伏安图。如果溶液中有电活性物质,则电极上发生如下电极反应。

正向扫描时,电极上将发生还原反应:

$$Ox + ne^- \rightleftharpoons Red$$

反向回扫时,电极上生成的还原态 Red 将发生氧化反应:

$$Red \rightleftharpoons Ox + ne^-$$

峰电流可表示为

$$i_p = Kn^{3/2}D^{1/2}\nu^{1/2}Ac$$

其峰电流与待测物质浓度 c、扫描速度 ν 等因素有关。上式是扩散控制的可逆体系电极过程峰电流方程,如果电极过程受吸附控制,则电流的大小与 ν 成正比。

由循环伏安图可以得到氧化峰峰电流(i_{pa})与还原峰峰电流(i_{pc}),以及氧化峰峰电位 E_{pa}、还原峰峰电位 E_{pc} 值。

对于可逆体系,循环伏安曲线的氧化峰峰电流与还原峰峰电流比 $i_{pa}/i_{pc} = 1$,氧化峰电位与还原峰电位差 $\Delta E = E_{pa} - E_{pc} \approx 0.059 \text{ V}/n$,条件电位 $E^{\ominus\prime} = (E_{pa} + E_{pc})/2$。如果电活性物质可逆性差,则氧化峰与还原峰的高度不同,$\Delta E > 0.059 \text{ V}/n$,甚至只有一个氧化或还原峰,电极过程即为不可逆。由此可判断电极反应过程的可逆性。

三、仪器与试剂

1. 仪器

CHI 660D 电化学工作站,玻碳电极,铂丝电极和饱和甘汞电极。

2. 试剂

1.0×10^{-2} mol·L^{-1} $K_3[Fe(CN)_6]$ 溶液,1.0 mol·L^{-1} KNO_3 溶液。

四、实验步骤

1. 玻碳电极的处理

用 Al_2O_3 粉(或牙膏)将电极表面抛光,然后用蒸馏水清洗,再移入超声水浴中清洗,每次 2~3 min,重复三次,直至清洗干净。最后用乙醇、稀酸和水彻底洗涤,得到一个平滑光洁的电极表面。

2. $K_3[Fe(CN)_6]$ 溶液的循环伏安图

在电解池中放入 2.0 mL $K_3[Fe(CN)_6]$ 和 10.0 mL KNO_3 溶液,以二次水稀释至 20 mL,插入玻碳电极、铂丝电极和饱和甘汞电极,通 N_2 除 O_2。

(1) 以 20 mV·s^{-1} 的扫描速率,从 +0.80~-0.20 V 扫描,记录循环伏安图。

(2) 以不同扫描速率 10 mV·s^{-1}、40 mV·s^{-1}、60 mV·s^{-1}、80 mV·s^{-1}、100 mV·s^{-1}、200 mV·s^{-1},分别记录从 +0.80~-0.20 V 扫描的循环伏安图。

3. 不同浓度的 $K_3[Fe(CN)_6]$ 溶液的循环伏安图

以扫描速率 20 mV·s^{-1},从 +0.80~-0.20 V 扫描,分别记录 1.00×10^{-5} mol·L^{-1} $K_3[Fe(CN)_6]$、1.00×10^{-4} mol·L^{-1} $K_3[Fe(CN)_6]$、1.00×10^{-3} mol·L^{-1} $K_3[Fe(CN)_6]$、1.00×10^{-2} mol·L^{-1} $K_3[Fe(CN)_6]$+0.50 mol·L^{-1} KNO_3 溶液的循环伏安图。

五、数据处理

1. 由循环伏安图,记录峰电流 i_{pa}、i_{pc} 和峰电位 E_{pa}、E_{pc} 值。
2. 以 i_{pa} 和 i_{pc} 对 $\nu^{1/2}$ 作图,说明扫描速率 ν 对 i_p 的影响。
3. 计算 i_{pa}/i_{pc}、ΔE 和 $E^{\ominus}{}'$。
4. 从实验结果说明 $K_3[Fe(CN)_6]$ 在 KNO_3 溶液中电极过程的可逆性。

六、注释

1. 指示电极表面必须仔细清洗,否则严重影响循环伏安图图形。
2. 为了使液相传质过程只受扩散控制,应在加入支持电解质和溶液处于静止下进行电解。

3. 每次扫描之间,为使电极表面恢复初始条件,应将电极提起后再放入溶液中或用搅拌子搅拌溶液,等溶液静止 1~2 min 再扫描。

七、思考题

1. 如何用循环伏安法判断电极反应过程的可逆性?
2. 如果条件电位 $E^{\ominus\prime}$ 和 ΔE 的实验结果与文献值有差异,试说明其原因。

实验 18 阳极溶出伏安法测定水样中微量镉含量

一、实验目的

1. 掌握阳极溶出伏安法的基本原理。
2. 学习电化学工作站阳极溶出伏安功能的使用方法。
3. 掌握使用标准加入法进行定量分析。

二、实验原理

溶出伏安法的测定包含两个基本过程。首先,将工作电极控制在一定电位条件下进行预电解,使待测物质在电极上富集,然后施加以某种形式变化的电压于工作电极上,使被富集的物质溶出,同时记录伏安曲线,即可根据溶出峰电流的大小测定待测物质的含量。溶出伏安法有多种溶出方式,如果以还原电位为富集电位,线性变化的氧化电位为溶出电位,则为阳极溶出伏安法。

定量测量可采用标准曲线法或标准加入法。标准加入法的计算公式如下:

$$c_x = \frac{c_s V_s h_x}{H(V_x + V_s) - h_x V_x}$$

式中,c_x、V_x 和 h_x 分别为试样的浓度、体积和溶出峰的峰高,c_s 和 V_s 分别为加入的标准溶液的浓度和体积,H 为加入标准溶液后测得的溶出峰的峰高。

三、仪器与试剂

1. 仪器

CHI660D 电化学工作站;磁力搅拌器;玻碳电极、饱和甘汞电极和铂电极;移液枪;氮气钢瓶。

2. 试剂

1.00 mol·L^{-1} NaAc-HAc 缓冲溶液(pH=5);2.00×10^{-6} mol·L^{-1} Bi(NO$_3$)$_3$ 溶液;1.00×10^{-3} mol·L^{-1} Cd(NO$_3$)$_2$ 标准溶液;未知水样一份。

四、实验步骤

1. 玻碳铋膜电极的制备

玻碳电极按实验17的操作抛光清洗干净。移取 5.00 mL 2.00×10^{-6} mol·L^{-1} Bi(NO$_3$)$_3$ 溶液至 10 mL 烧杯中,放置在搅拌器上。将玻碳电极作为工作电极,饱和甘汞电极作为参比电极、铂电极作为对电极,构成三电极系统插入此烧杯中与电化学工作站连接。通氮气 5~10 min,以除去溶液中溶解的氧气。打开 CHI660D 程序,使用 Amperometric i-t Curve 电化学技术,调节初始电位为 −0.3 V,扫描时间 180 s,电镀得到玻碳铋膜电极。

2. 定量测定

(1) 移取 4.00 mL 去离子水,加入 1.00 mol·L^{-1} NaAc-HAc 缓冲溶液 1.00 mL 于 10 mL 烧杯中,通氮气除氧 10 min,将冲洗过的三电极插入该溶液中,打开搅拌器,使用 Amperometric i-t Curve 电化学技术电解富集,调节初始电位为 −1.00 V,扫描时间 180 s。关闭搅拌器,停止富集,静置 30 s 后,使用 Differential Pulse Voltammetry 电化学技术,调节初始电位为 −1.00 V,终止电位为 −0.40 V,进行扫描,得到空白试样的电流-电位曲线图。记录峰电流的电极电位 E_0 及峰高度 h_0。

(2) 移取 4.00 mL 未知水样,加入 1.00 mol·L^{-1} NaAc-HAc 缓冲溶液 1.00 mL 于 10 mL 烧杯中,重复(1)的操作得到电流-电位曲线。记录峰电流的电极电位 E_x 及峰高度 h_x(扣除空白值)。然后采用 Amperometric i-t Curve 电化学技术,调节初始电位为 −0.4 V,扫描时间 30 s,以清洗电极表面未完全溶出的金属镉。重复富集和溶出过程 2 次,分别记录数据。

(3) 采用标准加入法,在未知水样中加入 1.00×10^{-3} mol·L^{-1} Cd(NO$_3$)$_2$ 标准溶液 50 μL,重复上述实验步骤 3 次,记录电极电位 E 及峰高度 H(扣除空白值)。

五、数据处理

根据标准加入法利用所记录数据计算水样中微量镉的含量。

六、注释

1. 如果所用实际空白值较大,计算含量时须扣除空白值,以免产生较大误差。

2. 所用测试溶液中含有镉,要倒入指定的回收瓶中,以免造成环境污染。

七、思考题

1. 为什么阳极溶出伏安法有较高的灵敏度?
2. 影响阳极溶出伏安法测定的主要因素有哪些,应如何控制?

实验19　气相色谱法定性、定量分析苯系物

一、实验目的

1. 了解气相色谱的仪器组成、工作原理,以及数据采集、数据分析的基本操作。
2. 掌握采用气相色谱法进行定性、定量分析的基本方法。

二、实验原理

气相色谱法的原理是利用试样中各组分在气相和固定液相间的分配系数不同,将混合物分离、测定的仪器分析方法。当汽化后的试样被载气带入色谱柱中运行时,组分就在相对运动的两相间进行反复多次分配,由于固定相对各组分的吸附、溶解、分配等能力不同,因此各组分在色谱柱中的保留时间不同,按流出顺序离开色谱柱进入检测器,在记录器上绘制出各组分的色谱峰-流出曲线。气相色谱法特别适用于分析含量少的气体和易挥发的液体。

1. 定性原理

在一定的色谱操作条件下,每种物质都有确定不变的保留值(保留时间、保留体积或相对保留值等),故可作为定性的依据,对已知纯样和待测试样进行色谱分析,分别测量各组分峰的保留值,若某组分峰的保留值与已知纯样相同,则可认为两者是同一物质。这种色谱定性方法要求色谱条件稳定,保留值测定准确。

2. 定量原理

确定了各个色谱峰代表的组分后,即可对其进行定量分析。色谱定量分析的依据是第 i 种待测组分与仪器的响应信号(峰面积 A 或峰高 h)成正比。

$$m_i = f_i A_i \quad \text{或} \quad m_i = f_i h_i$$

式中,f_i 为绝对质量校正因子,也就是单位峰面积所代表物质的质量。f_i 主要由仪器的灵敏度所决定,它既不易准确测定,也无法直接应用。所以在定量工作中都是使用相对校正因子,即某物质与一标准物质的绝对校正因子之比值。

经色谱分离后,混合物中各组分均产生可测量的色谱峰;则可按归一化公式计算各组分的质量分数,设 f' 为相对校正因子,则

$$w_i = \frac{f'_i A_i}{\sum_{i=1}^{n} f'_i A_i} \times 100\%$$

三、仪器与试剂

1. 仪器

岛津 GC-2010 plus 气相色谱仪,氢火焰离子化检测器(FID),微量注射器(10 μL)。

2. 色谱条件

色谱柱:RTX-1(30 m, 0.25 mm ID, 0.25 μm);载气:99.999%的高纯氮气;燃气:氢气;助燃气:空气;柱箱温度:80 ℃;进样口温度:120 ℃;检测器温度:150 ℃;载气:30 mL·min^{-1};燃气:30 mL·min^{-1};助燃气:300 mL·min^{-1}。

3. 试剂

丙酮,苯,甲苯,乙苯(均为分析纯)。

四、实验步骤

1. 开机

(1) 打开载气,使其压力表上显示为 0.3 MPa。

(2) 打开电源开关,设置汽化室温度、柱温和检测器温度。

(3) 打开氢气,使其压力表上显示为 0.2 MPa,随即打开空气泵。

(4) 当各个温度达到所设置的温度后,打开计算机中的色谱工作站。按色谱工作站上的 Fire 键进行点火。

2. 试样溶液的制备

取丙酮 5 mL,加入苯、甲苯、乙苯各一滴,混匀,得待测混合液;取丙酮 5 mL 分别置于三支试管中,分别加入苯、甲苯、乙苯各一滴,混匀,分别得到苯、甲苯、乙苯的纯样溶液。

3. 进样分析

(1) 用进样针吸取丙酮进行洗针,一般重复操作 8 次左右即可。

(2) 用进样针吸取待测混合液进行润洗。

(3) 润洗完成后,吸取待测混合液及苯、甲苯、乙苯的纯样溶液各 1 μL,分别进气相色谱进行定性、定量分析。

五、注意事项

1. 用进样针吸取试样时,取样要准确(进样针内不能有气泡,否则影响进样体积)。
2. 进样时,进样针要垂直于进样口,左手在下,右手在上,进样要迅速,进样完毕后,由右手点击开始采样,左手迅速拔出进样针。
3. 打印色谱分析报告。

六、数据记录与处理

1. 将待测混合液各组分色谱峰的保留时间与纯样进行对照,对各色谱峰所代表的组分进行分析判断。
2. 用归一化法计算待测混合液中各组分的质量分数,各组分的相对校正因子 f' 值见下表。

组分	苯	甲苯	乙苯
f'	1.00	1.04	1.09

七、思考题

1. 进样操作应注意哪些事项?
2. 在一定的色谱操作条件下,进样量的大小是否会影响色谱峰的保留时间和半峰宽?为什么?

实验 20　高效液相色谱法测定绿茶饮料中咖啡因和茶碱的含量

一、实验目的

1. 学习高效液相色谱仪的基本结构和基本操作。
2. 了解反相液相色谱法的原理、优点和应用。
3. 掌握高效液相色谱法进行定性、定量分析的依据。

二、实验原理

绿茶饮料是一种以绿茶粉末或浓缩液为原料的饮料,以其优异的口感,成为大众喜爱的饮品之一。绿茶饮料中含有茶多酚、咖啡因、茶碱、单宁酸、蔗糖等多种成分。咖啡因和茶碱是其中重要的生物活性物质,它能兴奋大脑皮层,使人消除疲劳,精神兴奋。但是大量使用会对人体造成一定程度的损害。咖啡因和茶碱都属于天然的黄嘌呤类衍生物,它们的化学名称分别为1,3,7-三甲基黄嘌呤和1,3-二甲基黄嘌呤。二者都具有兴奋中枢神经系统、强心、利尿等作用,但作用强度略不相同。

定量测定咖啡因和茶碱的传统方法是滴定法、紫外-可见分光光度法。本实验采用高效液相色谱法对未知试样中的咖啡因和茶碱进行定量分析。采用反相液相色谱法(固定相极性小于流动相极性)将咖啡因、茶碱和其他组分分离后,进行二极管阵列检测。在恒定的实验条件下,以色谱图上物质的保留时间 t_R 作为定性参数,以峰面积 A 作为定量参数,以不同浓度咖啡因和茶碱标准溶液的峰面积对浓度作图,绘制工作曲线。再根据未知试样中咖啡因和茶碱的峰面积,利用工作曲线法(即外标法)测定绿茶饮料中咖啡因和茶碱的含量。

三、仪器与试剂

1. 仪器

岛津 LC-20 AT 高效液相色谱仪;二极管阵列检测器;色谱柱:ODS(C_{18})柱(4.6 mm×150 mm,粒径5 μm);100 mL 和 10 mL 容量瓶;1.5 mL 进样瓶。

2. 试剂

咖啡因和茶碱标准试剂,流动相:70%水+30%甲醇。

四、实验步骤

1. 咖啡因和茶碱标准储备液的配制

准确称取 10 mg 咖啡因,用配制的流动相溶解,转入 100 mL 容量瓶中,稀释、定容。按照同样的方法配制茶碱标准储备液。

2. 咖啡因和茶碱标准溶液的配制

准确移取 0.1 mL 咖啡因标准储备液于 10 mL 容量瓶中,用流动相定容至刻度。按照同样的方法配制茶碱标准溶液。

3. 混合标准溶液系列的配制

分别移取 0.1 mL,0.2 mL,0.3 mL,0.4 mL,0.5 mL 的咖啡因标准储备液和等体积的茶碱标准储备液于 10 mL 容量瓶中,用流动相定容至刻度。所得混合标准溶液的浓度分别为:1 $\mu g \cdot mL^{-1}$、2 $\mu g \cdot mL^{-1}$、3 $\mu g \cdot mL^{-1}$、4 $\mu g \cdot mL^{-1}$、5 $\mu g \cdot mL^{-1}$。

4. 标准溶液浓度的测定

按岛津 LC-20AT 高效液相色谱仪的操作步骤,启动色谱仪,打开软件操作界面,设置下列各项参数。流动相:70%水+30%甲醇;流速:1 mL·min^{-1};检测器:二极管阵列检测器。检测波长:272 nm。进样体积:10 μL。打开 Purge 阀排气泡,平衡色谱柱,观察基线。

待基线平稳后进样,首先进样咖啡因标准溶液和茶碱标准溶液,确定各自的保留时间。再按照浓度从低到高的顺序进混合标准溶液。

5. 绿茶饮料的处理和测定

绿茶饮料经超声波脱气 10 min,0.45 μm 滤膜过滤,用流动相稀释 50 倍待用。

按步骤 4 操作,测定绿茶饮料中的咖啡因和茶碱的浓度。

6. 结束实验

实验结束后,检查仪器是否正常,采用梯度洗脱对色谱柱进行清洗,清洗完毕后,关闭仪器。

五、数据处理

1. 根据标准试样色谱图中的保留数据,找到色谱图中相应咖啡因和茶碱的色谱峰。

2. 用标准试样的峰面积 A 对质量浓度 ρ(μg·mL^{-1})分别绘制两种分析物的工作曲线。

3. 由未知样的峰面积从工作曲线上求得其中咖啡因和茶碱的质量浓度(μg·mL^{-1})。

六、注释

1. 饮料试样必须经过脱气、过滤处理,不能直接进样。因为直接进样虽然操作简单,但会影响色谱柱的寿命。

2. 试样和标准溶液需要冷藏保存。

七、思考题

1. 解释用反相高效液相色谱测定咖啡因和茶碱含量的原理。
2. 高效液相色谱法是如何进行定性和定量分析的?

实验 21 离子色谱法测定水中的阴离子

一、实验目的

1. 了解离子色谱分析的基本原理及操作方法。

2. 掌握离子色谱法的定性和定量分析方法。

二、实验原理

离子色谱(ion chromatography, IC)是色谱法的一个分支,它是将色谱法的高效分离技术和离子的自动检测技术相结合的一种分析技术。离子色谱法以离子交换树脂为固定相,电解质溶液为流动相,通常采用电导检测器来进行检测。离子色谱仪有单柱型和双柱型,一般均由四个部分组成,即输送系统、分离系统、检测系统和数据处理系统。

本实验以阴离子交换树脂为固定相,以 $NaHCO_3-Na_2CO_3$ 混合液为洗脱液,分析水中 Br^-、NO_3^- 和 SO_4^{2-} 三种阴离子。当含待测阴离子的试液进入分离柱后,在分离柱上发生如下交换过程:

$$R—HCO_3+MX \xleftrightarrow{交换} RX+MHCO_3$$

式中,R 代表离子交换树脂。

由于洗脱液不断流过分离柱,使交换在阴离子交换树脂上的各种阴离子又被洗脱,而发生洗脱过程。各种阴离子在不断进行交换及洗脱过程中,由于与离子交换树脂的亲和力的不同,交换和洗脱过程有所不同,亲和力小的离子先流出分离柱,而亲和力大的离子后流出分离柱,因而各种不同的离子得到分离。

在使用电导检测器时,当待测阴离子从柱中被洗脱而进入电导池时,要求电导检测器能随时检测出洗脱液中电导的改变,但因洗脱液中 HCO_3^-、CO_3^{2-} 的浓度比试样阴离子的浓度大得多,因此与洗脱液本身的电导值相比,试液离子的电导贡献显得微不足道,因而电导检测器难以检测出由于试液离子浓度变化所导致的电导变化。对于具有抑制柱的离子色谱,来自再生液中的 H^+ 通过阳离子交换膜进入淋洗液,与淋洗液中的 CO_3^{2-}、HCO_3^- 和 X^- 结合形成弱解离的 H_2CO_3 和强解离的 HX。为了保持淋洗液和再生液的电中性,化学计量的 Na^+ 向相反方向移动,即从淋洗液通道到再生液,最后被带入废液,结果使洗脱液中 $NaHCO_3$ 和 Na_2CO_3 转化成 H_2CO_3,大大降低了本底电导,而试样中 MX 转化为相应的酸 HX。由于 H^+ 的离子淌度是金属离子 M^+ 的 7 倍,因而使得试液中离子电导的测定得以实现。

三、仪器与试剂

1. 仪器

Metrohm 861 型离子色谱仪,IC Net 2.3 色谱工作站,Metrosep A supp 4 阴离子交换柱(250 mm×4.0 mm i.d.),Metrohm MSM Ⅱ 抑制器+853 型 CO_2 抑制器,

电导检测器。

2. 试剂

$NaHCO_3$-Na_2CO_3 阴离子淋洗储备液：称取 19.10 g Na_2CO_3（分析纯以上）和 14.30 g $NaHCO_3$（分析纯以上）（均已在 105 ℃ 烘箱中烘 2 h 并冷却至室温），溶于高纯水中，转入 1 000 mL 容量瓶中，加水至刻度，摇匀。然后将此淋洗储备液存于聚乙烯瓶中，在冰箱中保存。此淋洗储备液为 0.18 mol·L^{-1} Na_2CO_3 + 0.17 mol·L^{-1} $NaHCO_3$。

阴离子标准储备溶液：用优级纯的钠盐分别配制成浓度为 1 000 mg·L^{-1} Br^-，1 000 mg·L^{-1} NO_3^-，1 000 mg·L^{-1} SO_4^{2-} 的阴离子标准溶液，测定时稀释为标准使用溶液。混合标准使用溶液为含有 20 mg·L^{-1} Br^-，20 mg·L^{-1} NO_3^- 和 200 mg·L^{-1} SO_4^{2-} 的水溶液，测定时配制。

四、实验步骤

1. Na_2CO_3-$NaHCO_3$ 阴离子淋洗液的制备。

移取 0.18 mol·L^{-1} Na_2CO_3 + 0.17 mol·L^{-1} $NaHCO_3$ 阴离子淋洗储备液 10.00 mL，用高纯水稀释至 1 000 mL，摇匀。此淋洗液为 1.8 mmol·L^{-1} Na_2CO_3 + 1.7 mmol·L^{-1} $NaHCO_3$。

2. 依次打开离子色谱的电源开关，IC Net 2.3 色谱工作站，启动泵，调节流动相流速为 1 mL·min^{-1}，使系统平衡 30 min，等待仪器稳定，色谱流出曲线的基线平直。

3. 将仪器调至进样状态，启动 Fill 键，用注射器吸取 1 mL 各阴离子标准使用溶液进样。再启动 Inject 键，开始进行色谱分析，待峰全部出完后，记录各个阴离子的保留时间。

4. 取混合阴离子标准使用溶液，按照步骤 3 直接进样，从步骤 3 的几个阴离子的保留时间可确认混合标准溶液的中峰所对应的阴离子。

5. 工作曲线的绘制。

分别取阴离子混合标准使用溶液 0.50 mL，1.00 mL，2.00 mL，3.00 mL，4.00 mL 于 5 个 10 mL 容量瓶中，用高纯水稀释至刻度，摇匀。每种溶液分别进样 2 次，记录色谱图。以离子浓度对峰面积作图，绘制各离子的工作曲线。

6. 取实验室自来水样，经 0.45 μm 微孔滤膜过滤后在同样的实验条件下重复进样 2 次，记录色谱图。由色谱峰的保留时间定性，由色谱峰面积计算自来水中各离子的含量。

五、思考题

1. 简述离子色谱柱的分离机理。

2. 为什么需要在电导检测器前加入抑制器？

实验 22　基于气相色谱-质谱法的酒类芳香成分定性分析

一、实验目的

1. 学习气相色谱-质谱联用仪的基本结构和基本操作；
2. 了解 EI 源硬电离质谱法的原理、优点和应用；
3. 掌握采用气相色谱-质谱法进行定性分析的基本方法。

二、实验原理

酒类的芳香成分主要包含有机醇、酸和酯类物质等。酒类中所含有的有机醇极其丰富，除甲醇、乙醇外，含有三个及以上碳原子的醇类称为高级醇（如异丁醇和异戊醇等）。如酒类中缺乏某些高级醇则会缺乏足够的风味；如存在过多、过杂的高级醇，除影响酒类风味，还会引起饮用者出现头痛、宿醉等症状。其次，有机酸类芳香成分会间接影响酒体的口感特点和醇厚特性；最后，以乙酸乙酯和乙酸丁酯为代表的有机酯类芳香组分则直接决定了酒的芳香及味型特征。以上三类芳香组分的沸点普遍低于 200 ℃，其相对分子质量小于 300，因此在实际生产、研发及质检工作中普遍使用气相色谱-质谱联用法实现对酒类芳香成分的定性分析。

气相色谱-质谱联用法综合使用气相色谱和 EI 源（电子轰击电离源）质谱作为分离和检测手段，利用不同化学物质具有不同的沸点、分子极性及 EI 源电离碎片离子构成的特点，对复杂试样中的可汽化物质进行定性分析。该方法具有高效快速、灵敏度高等优点，因而获得了广泛的应用。气相色谱-质谱联用仪主要包括进样装置、柱温箱、色谱-质谱接口、EI 源、质量分析器和质谱检测器等；此外，一般还配有载气气源、真空系统及数据处理系统等辅助装置。

本实验基于气相色谱-质谱联用法定性测定酒类中的特定芳香组分。在经过充分优化的色谱、质谱实验条件下，以芳香组分物质的测定 EI 源质谱谱图作为数据基础，以 NIST 标准质谱谱图库作为比对依据，进行多参量大数据比对，以实现对混合样中未知芳香成分的结构定性。

三、仪器与试剂

1. 热电 Trace-ISQ 气相色谱-质谱联用仪，单四极杆质量分析器（EI 源）色谱柱：Thermo 1701(30 m,最高温度 280 ℃)。

2. 移液管和吸耳球。

3. 进样瓶(6 个)。

4. 异丁醇、乙酸丁酯母液(体积比 1%甲醇溶液)；未知标准试样(相对分子质量 50~100,沸点 70~150 ℃)；未知混合样 1、2。

5. 载气：高纯氦气。

四、实验步骤

1. 配制已知浓度的标准样溶液。

标准溶液质量浓度：25 ng·μL^{-1}。

取适量异丁醇及乙酸丁酯母液,使用色谱纯甲醇进行两阶逐级稀释(分别稀释 20 倍两次),得到各标准溶液各 2 mL,并封存于气相进样瓶中待用。

2. 打开色谱仪及质谱仪,待仪器状态检查无误后进行实验参数设定。

3. 色谱条件：进样口温度 250 ℃,进样 1 μL,分流比 20,色谱柱起始温度 60 ℃,保持 1 min,升温速率 10 ℃/min,终止温度 130 ℃,保持 2 min。需勾选真空补偿选项。

质谱条件：质谱 EI 源温度 250 ℃,色谱质谱接口温度 250 ℃,质量检测范围 40~200,设置前 1 min 不采样。

4. 每组同学依次分析异丁醇、乙酸丁酯的标准样溶液,学习、体会气相色谱-质谱联用分析法。通过讨论,确定相应实验方案后,各自针对未知的标准纯样进行分析,并确定其主要芳香成分的化学结构。最后,通过对实验参数的优化,实现对未知混合试样组成成分的定性分析。

5. 数据处理。

6. 实验结束后,检查仪器是否正常,用最高温度到 250 ℃ 的程序升温过程对气相色谱柱进行程序清洁,将仪器设置于待机状态后,关闭 Xcalibur 软件。

五、思考题

1. 在基于 NIST 标准库对待测组分 EI 源质谱谱图进行检索之前为什么需要在对应色谱峰保留时间前后进行谱图扣除操作？

2. 为什么在气相色谱-质谱联用分析中需要将 EI 源处的温度设置为 200 ℃ 或以上？

3. 为什么在气相色谱-质谱联用的升温初始阶段(比如开始的 1~3 min)避免进行质谱数据采集？

实验 23　有机化合物准确相对分子质量的测定

一、实验目的

1. 学习了解质谱仪的基本原理。
2. 掌握测定有机化合物相对分子质量的实验技巧和调试方法。
3. 初步掌握质谱谱图的解析方法。

二、实验原理

质谱是一种通过测定质荷比对待测物分子组成及其结构进行分析的实验技术。早期的质谱仪主要用于对同位素的测定和无机元素的分析，20 世纪 40 年代以后开始用于对有机化合物的分析。60 年代出现的气相色谱-质谱联用仪，使质谱仪的应用领域大大扩展，并逐渐开始成为有机化合物结构分析的重要手段。目前质谱技术已广泛地应用于化学、化工、材料、环境、地质、能源、药物、刑侦、生命科学、运动医学等各个领域。

待测物经过离子源的电离后，一般会以分子离子的形式存在。如离子化过程所传递的能量可导致键的进一步断裂，分子离子碎片将进一步碎裂成许多碎片离子。经过离子化过程所形成的分子离子及碎片离子，依照质荷比的大小依次被质谱仪记录，并在其相应的质荷比 m/z 值处出现峰，从而得到质谱图。

质谱仪一般由进样系统、离子源、质量分析器和检测器四部分构成。

(1) 进样系统：包括直接进样和色谱进样。

(2) 离子源的作用是将待测试样电离成离子，使其汇聚成具有一定能量的离子束，再引入质量分析器中。本实验采用电喷雾电离（electrospray ionization, ESI）源，ESI 源是一种软电离源，特别适用于针对待测物分子离子峰的质谱分析。

(3) 质量分析器将离子源产生的离子按照质荷比（m/z）的不同进行分离，以得到按质荷比大小顺序排列的质谱图。

(4) 检测器的作用是将来自质量分析器的离子束进行放大并进行检测，电子倍增检测器是质谱仪器中最常用的一种检测器。

三、仪器与试剂

1. 仪器

API 2000 四极杆质谱仪（applied biosystems, USA）。

2. 试剂

罗丹明 B(分子式 $C_{28}H_{31}ClN_2O_3$,相对分子质量 479),色谱纯甲醇。

四、实验步骤

1. 试样溶液的配制。

(1) 在电子分析天平上准确称取 9.6 mg 罗丹明 B 固体,用二次水溶解,将溶液转移至 10 mL 的容量瓶中,配制成浓度为 $2.0×10^{-3}$ mol·L^{-1} 的母液 1。

(2) 用移液枪移取 100 μL 母液 1 于 1.0 mL 的离心管中,再移取 900 μL 的二次水,混匀,配制成浓度为 $2.0×10^{-4}$ mol·L^{-1} 的母液 2。

(3) 用移液枪移取 10 μL 母液 2 于 1.0 mL 的离心管中,再移取 990 μL 的二次水,混匀,配制成浓度为 $2.0×10^{-6}$ mol·L^{-1} 的试样溶液。

2. 接通工作站计算机电源,进入操作系统,打开软件,设定参数。

3. 用微量进样器吸取大约 800 μL 的甲醇溶液(体积比=1∶1)进样,通过观察谱图中的峰及其丰度判断质谱仪中是否存在杂质离子。待确定无杂质离子或丰度很低时,停止进样。

4. 用微量进样器吸取大约 800 μL 的纯甲醇,重复步骤 3。

5. 用微量进样器先吸取大约 500 μL 的纯甲醇,再吸取 1.0 μL 的试样溶液,混匀。

6. 修改部分参数后进样,手动调谐,在正离子或负离子模式下对试样进行分析,将锥孔电压由低向高以 50 V 为梯度进行调整。

7. 每次调整完之后等待 10 min 左右,观察图谱,直到获得接近高斯分布的峰型为止,采集图谱,保存数据,打印谱图。

8. 用甲醇清洗微量进样器三次,再重复步骤 5 至步骤 7。

9. 实验结束,关闭软件和计算机。

五、数据处理

实验操作结束后即可得罗丹明 B 的质谱图,利用所学质谱知识,通过解析谱图分析罗丹明 B 的准确相对分子质量。

六、思考题

1. 质谱仪由哪几部分组成?

2. 为什么有的待测物在正模式下质谱信噪比高,而有的待测物在负模式下方能得到较高信噪比的质谱测定结果?

3. 使用 ESI 质谱对待测物进行检测只能得到待测物的碎片峰而无法观察到

分子离子峰时,应该如何调节电离电压和雾化温度等参数?

实验 24　一维核磁共振氢谱鉴定乙基苯结构

一、实验目的

1. 熟悉核磁共振的基本原理及核磁共振谱仪的基本结构。
2. 掌握核磁试样的制备、一维核磁共振氢谱的测定、谱图的识别与解析。

二、实验原理

自旋不为零的粒子,如电子和质子,具有自旋磁矩。如果把这样的粒子放入稳恒的外磁场中,粒子的磁矩就会和外磁场相互作用使粒子的能级产生分裂,分裂后两能级间的能量差为

$$\Delta E = \gamma h B_0 \tag{2-2-1}$$

其中,γ 为粒子的旋磁比,h 为约化普朗克常量,B_0 为稳恒外磁场。

如果此时再在稳恒外磁场的垂直方向给粒子加上一个高频电磁场,该电磁场的频率为 ν,能量为

$$\Delta E = h\nu \tag{2-2-2}$$

当该能量等于粒子分裂后两能级间的能量差 ΔE 时,即

$$h\nu = \gamma h B_0 \tag{2-2-3}$$

低能级上的粒子就要吸收高频电磁场的能量产生跃迁,即所谓的核磁共振。

一维核磁共振氢谱中包含的主要参数有:化学位移、耦合常数、信号强度及积分面积。根据这些参数可以判断有机化合物分子中各种氢核的数目、化学环境及相互作用情况,从而可推出未知物分子结构,同时还可以与标准谱图对照加以验证。

三、仪器与试剂

1. 仪器及器具

Magritek Spinsolve 核磁共振谱仪;直径 5 mm 核磁试样管。

2. 试剂

乙基苯溶液;TMS 内标;$CDCl_3$ 溶剂。

四、实验步骤

1. 保持仪器室温度在 25 ℃左右。启动仪器,运行核磁共振程序,使谱仪处

于计算机的管理之下。待磁体、探头达到热平衡,谱仪电气系统运转稳定,即可开始试验(教师事先完成)。

2. 锁场、匀场、调整分辨率。利用试样中的氘信号进行锁场。观测内标 TMS 信号峰的半高宽,仔细调节各组匀场线圈的电流,使峰型正确、半高宽值尽可能小,以改善仪器分辨率。

3. 设置观测参数,并采样。重要的参数有:① 试样中观测核偏置;② 氢谱谱宽为 $(-1 \sim 15) \times 10^{-6}$;③ 采样时间为数秒;④ 延迟时间为 2 s;⑤ 扫描次数为 8 次;⑥ 脉冲序列是 PROTON。

4. 用移液枪移取 0.1 mL 乙基苯溶液于 5 mm 的 NMR 试样管中,加入 0.5 mL 的 $CDCl_3$ 溶液,再滴入两滴 TMS 溶液,加盖摇匀。将试样放入探头中,采集乙基苯试样的一维核磁共振氢谱。

5. 数据处理及绘图。

采样完成后,对实验获得的信号加以处理:① 调整谱图宽度;② 校正谱图基线及相位;③ 确定化学位移标尺;④ 选取乙基苯信号峰的化学位移及强度;⑤ 对谱图做积分处理;⑥ 绘制谱图;⑦ 对各信号峰进行归属,确定乙基苯的每个质子信号。

五、注释

1. 严格按照操作规程进行实验,与实验无关的程序指令不得输入;不要乱动旋钮。

2. 试样管的插入和取出务必小心谨慎,切忌碰碎或折断在探头中造成事故。

六、思考题

1. 什么是化学位移和耦合常数?怎样从核磁共振图谱上确定这两个参数?它们是否随外磁场而改变?为什么?

2. 400 MHz 核磁共振谱仪测试的图谱中相对化学位移 1×10^{-6} 相当于多少 Hz?为什么该图谱比 100 MHz 谱仪所测图谱的理论分辨率要高?

附　录

一、定量分析实验仪器清单

(一) 发给学生的仪器

名称	规格	数量
酸式滴定管	25 mL(50)	1 支
碱式滴定管	25 mL(50)	1 支
移液管	20 mL	1 支
烧杯	500 mL	1 只
	400 mL	2 只
	250 mL	2 只
	100 mL	2 只
量筒	50 mL	1 个
	10 mL	1 个
容量瓶	500 mL	1 只
	250 mL	1 只
	100 mL	1 只
试剂瓶	500 mL	2 个(其中 1 个为棕色)
	250 mL	2 个(其中 1 个为棕色)
锥形瓶	250 mL	3 个
表面皿	d 为 12 cm 或 15 cm	2 片
瓷坩埚	18 mL	2 个
洗瓶	500 mL	1 个
玻璃棒	15~18 mL	3~4 根
滴管	自制(带乳胶头)	2 个
石棉网	15 cm×15 cm	1 个
洗耳球	60 mL	1 个
漏斗	长颈	2 个

(二) 公用仪器

分析天平;pHS-2 型酸度计;721 型分光光度计;定量滤纸;电热板;电烘箱;高温电炉(马弗炉);100~200 W 电炉;干燥器;称量瓶;坩埚钳;漏斗架;滴定台;玻璃坩埚(P16 或 G4A);吸滤瓶;抽水泵(玻璃)。

二、常用指示剂的配制

(一) 酸碱指示剂 (18~25 ℃)

指示剂名称	变色 pH 范围	颜色变化	溶液配制方法
甲基紫 (第一变色范围)	0.13~0.5	黄~绿	1 g·L^{-1} 或 0.5 g·L^{-1} 水溶液
甲酚红 (第一变色范围)	0.2~1.8	红~黄	0.04 g 指示剂溶于 100 mL 50%乙醇
甲基紫 (第二变色范围)	1.0~1.5	绿~蓝	1 g·L^{-1} 水溶液
百里酚蓝(麝香草酚蓝) (第一变色范围)	1.2~2.8	红~黄	1 g 指示剂溶于 100 mL 20%乙醇
甲基紫 (第三变色范围)	2.0~3.0	蓝~紫	1 g·L^{-1} 水溶液
甲基橙	3.1~4.4	红~黄	1 g·L^{-1} 水溶液
溴酚蓝	3.0~4.6	黄~蓝	1 g 指示剂溶于 100 mL 20%乙醇
刚果红	3.0~5.2	蓝紫~红	1 g·L^{-1} 水溶液
溴甲酚绿	3.8~5.4	黄~蓝	0.1 g 指示剂溶于 100 mL 20%乙醇
甲基红	4.4~6.2	红~黄	0.1 g 或 0.2 g 指示剂溶于 100 mL 60%乙醇
溴酚红	5.0~6.8	黄~红	0.1 g 或 0.04 g 指示剂溶于 100 mL 20%乙醇
溴百里酚蓝	6.0~7.6	黄~蓝	0.05 g 指示剂溶于 100 mL 20%乙醇
中性红	6.8~8.0	红~亮黄	0.1 g 指示剂溶于 100 mL 60%乙醇
酚红	6.8~8.0	黄~红	0.1 g 指示剂溶于 100 mL 20%乙醇
甲酚红	7.2~8.8	亮黄~紫红	0.1 g 指示剂溶于 100 mL 50%乙醇
百里酚蓝(麝香草酚蓝) (第二变色范围)	8.0~9.0	黄~蓝	参看第一变色范围
酚酞	8.0~9.6	无色~紫红	0.1 g 指示剂溶于 100 mL 60%乙醇
百里酚酞	9.4~10.6	无色~蓝	0.1 g 指示剂溶于 100 mL 90%乙醇

（二）酸碱混合指示剂

指示剂溶液的组成	变色点 pH	颜色 酸色	颜色 碱色	备注
三份 1 g·L⁻¹ 溴甲酚绿酒精溶液 一份 2 g·L⁻¹ 甲基红酒精溶液	5.1	酒红	绿	
一份 2 g·L⁻¹ 甲基红酒精溶液 一份 1 g·L⁻¹ 亚甲基蓝酒精溶液	5.4	红紫	绿	pH 5.2 红绿 pH 5.4 暗蓝 pH 5.6 绿
一份 1 g·L⁻¹ 溴甲酚绿钠盐水溶液 一份 1 g·L⁻¹ 氯酚红钠盐水溶液	6.1	黄绿	蓝紫	pH 5.4 蓝绿 pH 5.8 蓝 pH 6.2 蓝紫
一份 1 g·L⁻¹ 中性红酒精溶液 一份 1 g·L⁻¹ 亚甲基蓝酒精溶液	7.0	蓝紫	绿	pH 7.0 蓝紫
一份 1 g·L⁻¹ 溴百里酚蓝钠盐水溶液 一份 1 g·L⁻¹ 酚红钠盐水溶液	7.5	黄	绿	pH 7.2 暗绿 pH 7.4 淡紫 pH 7.6 深紫
一份 1 g·L⁻¹ 甲酚红钠盐水溶液 三份 1 g·L⁻¹ 百里酚蓝钠盐水溶液	8.3	黄	紫	pH 8.2 玫瑰色 pH 8.4 紫色

（三）金属离子指示剂

指示剂名称	解离平衡和颜色变化	溶液配制方法
铬黑 T（EBT）	$pK_{a_2}=6.3 \quad pK_{a_3}=11.55$ $H_2In^- \rightleftharpoons HIn^{2-} \rightleftharpoons In^{3-}$ 紫红　　　蓝　　　橙	5 g·L⁻¹ 水溶液
二甲酚橙（XO）	$H_3In^{4-} \xrightleftharpoons{pK_a=6.3} H_2In^{5-}$ 黄　　　　　　　　　红	2 g·L⁻¹ 水溶液
K-B 指示剂	$H_2In \xrightleftharpoons{pK_{a_1}=8} HIn^- \xrightleftharpoons{pK_a=13} In^{2-}$ 红　　　　蓝　　　　紫红 （酸性铬蓝 K）	0.2 g 酸性铬蓝 K 与 0.4 g 萘酚绿 B 溶于 100 mL 水中
钙指示剂	$H_2In^- \xrightleftharpoons{pK_{a_3}=9.4} HIn^{2-} \xrightleftharpoons{pK_{a_4}=13\sim14} In^{4-}$ 酒红　　　　蓝　　　　酒红	1 g 指示剂与 100 g NaCl 研细混匀

续表

指示剂名称	解离平衡和颜色变化	溶液配制方法
Cu-PAN (CuY-PAN 溶液)	CuY+PAN+M ⇌ MY+Cu-PAN 浅绿　　　　　　　　红色	将 0.05 mol·L^{-1} Cu^{2+} 溶液 10 mL,加 pH 5~6 的 HAc 缓冲溶液 5 mL,1 滴 PAN 指示剂(1 g·L^{-1} 乙醇溶液),加热至 60 ℃ 左右,用 EDTA 滴至绿色,得到约 0.025 mol·L^{-1} CuY 溶液。使用时取 2~3 mL 于试液中,再加数滴 PAN 溶液
磺基水杨酸	$H_2In \xrightarrow{pK_{a_2}=2.7} HIn^- \xrightarrow{pK_{a_3}=13.1} In^{2-}$ 　　　　　　　(无色)	10 g·L^{-1} 水溶液
钙镁试剂 (Caimagite)	$H_2In^- \xrightarrow{pK_{a_2}=8.1} HIn^{2-} \xrightarrow{pK_{a_3}=12.4} In^{3-}$ 红　　　　　　　蓝　　　　　红橙	5 g·L^{-1} 水溶液

注:EBT 和 K-B 指示剂在水溶液中稳定性较差,可以分别配成指示剂与 NaCl 之比为 1∶100 和 1∶20 的固体粉末。

(四) 氧化还原指示剂

指示剂名称	$E^{\ominus\prime}$/V [H$^+$]=1 mol·L^{-1}	颜色变化		溶液配制方法
		氧化态	还原态	
二苯胺	0.76	紫	无色	10 g·L^{-1} 浓 H$_2$SO$_4$ 溶液
二苯胺磺酸钠	0.85	紫红	无色	5 g·L^{-1} 水溶液
N-邻苯氨基苯甲酸	1.08	紫红	无色	0.1 g 指示剂加 20 mL 50 g·L^{-1} Na$_2$CO$_3$ 溶液,用水稀释至 100 mL
邻二氮菲-Fe(Ⅱ)	1.06	浅蓝	红	1.485 g 邻二氮菲加 0.965 g FeSO$_4$,溶解,稀释至 100 mL (0.025 mol·L^{-1} 水溶液)
5-硝基邻二氮菲-Fe(Ⅱ)	1.25	浅蓝	紫红	1.608 g 5-硝基邻二氮菲加 0.695 g FeSO$_4$,溶解,稀释至 100 mL(0.025 mol·L^{-1} 水溶液)

三、常用缓冲溶液的配制

缓冲溶液组成	pK_a	缓冲溶液 pH	缓冲溶液配制方法
氨基乙酸-HCl	2.35 (pK_{a_1})	2.3	取氨基乙酸 150 g 溶于 500 mL 水中,加浓 HCl 溶液 80 mL,加水稀释至 1 L
H_3PO_4-柠檬酸盐		2.5	取 $Na_2HPO_4 \cdot 12H_2O$ 113 g 溶于 200 mL 水中,加柠檬酸 387 g,溶解,过滤后,稀释至 1 L
一氯乙酸-NaOH	2.86	2.8	取一氯乙酸 200 g 溶于 200 mL 水中,加 NaOH 40 g,溶解,稀释至 1 L
邻苯二甲酸氢钾-HCl	2.95 (pK_{a_1})	2.9	取邻苯二甲酸氢钾 500 g 溶于 500 mL 水中,加浓 HCl 80 mL,稀释至 1 L
甲酸-NaOH	3.76	3.7	取甲酸 95 g 和 NaOH 40 g 于 500 mL 水中,溶解,稀释至 1 L
NaAc-HAc	4.74	4.7	取无水 NaAc 83 g 溶于水中,加冰醋酸 60 mL,稀释至 1 L
六亚甲基四胺-HCl	5.15	5.4	取六亚甲基四胺 40 g 溶于 200 mL 水中,加浓 HCl 溶液 10 mL,稀释至 1 L
Tris-HCl[三羟甲基氨甲烷 $CNH_2(HOCH_3)_3$]	8.21	8.2	取 Tris 试剂 25 g 溶于水中,加浓 HCl 溶液 8 mL,稀释至 1 L
NH_3-NH_4Cl	9.26	9.2	取 NH_4Cl 54 g 溶于水中,加浓氨水 63 mL,稀释至 1 L

注:(1) 缓冲溶液配制后可用 pH 试纸检查。如 pH 不对,则可用共轭酸或碱调节。pH 欲精确调节时,可用 pH 计调节。

(2) 若需增加或减少缓冲溶液的缓冲容量时,则可相应增加或减少共轭酸碱对物质的量,再调节之。

四、原子发射光谱法中元素的主要灵敏线

元素	λ/nm			元素	λ/nm		
Ag	328.068	338.289		Cd	228.802	326.106	340.365
Al	309.271	308.216	394.403	Ce	429.668	413.765	
As	228.812	234.984	278.020	Co	340.512	345.351	346.580
Au	242.795	267.595		Cr	425.435	427.480	428.972
B	249.678	249.773		Cs	455.536	459.318	852.111
Ba	455.404	493.409		Cu	324.754	327.396	
Be	234.861	313.042	313.107	Dy	313.537	389.854	
Bi	306.772	289.798		Er	326.479	337.271	
C	247.857			Eu	272.778	381.967	
Ca	393.367	396.847	422.673	Fe	248.327	259.940	302.364

续表

元素	λ/nm			元素	λ/nm		
Ga	294.364	287.424		Re	346.047	345.188	346.473
Gd	301.104	342.247	303.285	Rh	343.489	332.309	339.685
Ge	265.118	303.906	326.949	Ru	343.674	349.894	359.618
Hf	263.871	264.141	277.336	Sb	252.854	259.806	287.792
Hg	253.652	365.015		Sc	335.373	424.683	
Ho	342.535	345.600		Se	203.985	206.279	196.026
In	303.936	325.609		Si	251.612	288.158	
Ir	322.078	292.479		Sm	442.434	428.078	
K	404.414	404.720	766.490	Sn	283.999	286.333	317.502
La	333.749	433.374		Sr	407.771	421.552	460.733
Li	323.261	670.784		Ta	268.511	271.467	331.116
Lu	261.542	291.139		Tb	332.440	321.895	
Mg	285.213	279.553	280.270	Te	238.325	238.576	253.070
Mn	257.610	259.373	279.482	Th	283.231	283.730	287.041
Mo	313.259	317.035		Ti	208.803	334.904	337.280
Na	330.232	330.299	588.995	Tl	351.924	273.787	322.975
Nb	313.079	292.781	295.088	Tm	286.922	313.126	346.220
Nd	430.357	401.225	417.732	U	424.167	424.437	
Ni	305.082	341.477		V	318.341	318.898	318.540
Os	290.906	305.866		W	289.645	294.440	294.698
P	253.401	253.565	255.328	Y	324.228	437.494	
Pb	283.307	280.200		Yb	398.799	328.985	
Pd	340.458	342.124		Zn	330.259	330.294	334.502
Pr	422.298	422.533		Zr	327.305	339.198	343.823
Pt	265.945	306.471			349.621		
Rb	420.185	421.556					

五、原子吸收光谱法中元素的主要吸收线

元素	λ/nm	元素	λ/nm
Ag	328.07,338.29	Cd	228.80,326.11
Al	309.27,308.22	Ce	520.00,369.70
As	193.70,197.20	Co	240.71,242.49
Au	242.80,267.60	Cr	357.87,359.35
B	249.68,249.77	Cs	852.11,455.54
Ba	553.55,455.40	Cu	324.75,327.40
Be	234.86	Dy	421.17,404.60
Bi	223.06,222.83	Er	400.80,415.11
Ca	422.67,239.86	Eu	459.40,462.72

续表

元素	λ/nm	元素	λ/nm
Fe	248.33, 252.29	Rb	780.02, 794.76
Ga	287.42, 294.42	Re	346.05, 346.47
Gd	368.41, 407.87	Rh	343.49, 339.69
Ge	265.16, 275.46	Ru	349.89, 372.80
Hf	307.29, 286.64	Sb	217.58, 206.83
Hg	253.65	Sc	391.18, 402.04
Ho	410.38, 405.39	Se	196.03, 203.99
In	303.94, 325.61	Si	251.61, 250.69
Ir	209.26, 208.88	Sm	429.67, 520.06
K	766.49, 769.90	Sn	224.61, 286.33
La	550.13, 418.73	Sr	460.73, 407.77
Li	670.78, 323.26	Ta	271.47, 277.59
Lu	335.96, 328.17	Tb	432.65, 431.89
Mg	285.21, 279.55	Te	214.28, 225.90
Mn	279.48, 403.08	Th	371.9, 380.3
Mo	313.26, 317.04	Ti	364.27, 337.15
Na	589.00, 330.30	Tl	276.79, 377.58
Nb	334.37, 358.03	Tm	409.4, 410.58
Nd	463.42, 471.90	U	351.46, 358.49
Ni	232.00, 341.48	V	318.40, 385.58
Os	290.91, 305.87	W	255.14, 294.74
Pb	216.70, 283.31	Y	410.24, 412.83
Pd	247.64, 244.79	Yb	398.80, 346.44
Pr	495.14, 513.34	Zn	213.86, 307.59
Pt	265.95, 306.47	Zr	360.12, 301.18

六、常用化合物的相对分子质量(M_r)表

化合物	M_r	化合物	M_r
AgBr	187.77	As_2O_3	197.84
AgCl	143.32	$BaCO_3$	197.34
AgI	234.77	$BaCl_2 \cdot 2H_2O$	244.27
$AgNO_3$	169.87	$Ba(OH)_2$	171.36
AgSCN	165.95	$BaSO_4$	233.39
$AlK(SO_4)_2 \cdot 12H_2O$	474.38	$Bi(NO_3)_3 \cdot 5H_2O$	485.07
Al_2O_3	101.96	$CaCl_2$	110.99
$Al_2(SO_4)_3$	342.15	$CaCO_3$	100.09

续表

化合物	M_r	化合物	M_r
$CaC_2O_4 \cdot H_2O$	146.11	HNO_3	63.01
CaO	56.08	H_2O	18.02
$CaSO_4$	136.14	H_2O_2	34.01
$Cd(NO_3)_2 \cdot 4H_2O$	308.48	H_3PO_4	98.00
CH_3COOH	60.05	H_2S	34.08
CH_2O(甲醛)	30.03	H_2SO_3	82.07
$C_4H_8N_2O_2$(丁二酮肟)	116.12	H_2SO_4	98.08
$(CH_2)_6N_4$(六亚甲基四胺)	140.19	KBr	119.00
C_9H_7NO(8-羟基喹啉)	145.16	$KBrO_3$	167.00
$C_{12}H_8N_2 \cdot H_2O$(邻二氮菲)	198.22	KCl	74.55
$C_6H_8O_6$(抗坏血酸)	176.12	$KClO_3$	122.55
$C_6H_{12}O_6$(葡萄糖)	180.16	KCN	65.12
$CoCl_2 \cdot 6H_2O$	237.93	K_2CO_3	138.21
CuI	190.45	K_2CrO_4	194.19
$Cu(NO_3)_2 \cdot 3H_2O$	241.60	$K_2Cr_2O_7$	294.18
CuO	79.55	$K_3Fe(CN)_6$	329.25
$CuSCN$	121.62	$K_4Fe(CN)_6$	368.35
$CuSO_4 \cdot 5H_2O$	249.68	$KHC_4H_4O_6$(酒石酸氢钾)	188.18
$FeCl_3 \cdot 6H_2O$	270.30	$KHC_8H_4O_4$(邻苯二甲酸氢钾)	204.22
$Fe(NO_3)_3 \cdot 9H_2O$	404.00	KI	166.00
FeO	71.85	KIO_3	214.00
Fe_2O_3	159.69	$KMnO_4$	158.03
Fe_3O_4	231.54	KNO_3	101.10
$FeSO_4 \cdot 7H_2O$	278.01	KOH	56.11
Hg_2Cl_2	472.09	$KSCN$	97.18
$HgCl_2$	271.50	K_2SO_4	174.25
$HCOOH$	46.03	$K_2S_2O_7$	254.31
$H_2C_2O_4 \cdot 2H_2O$(草酸)	126.07	$MgNH_4PO_4$	137.32
$H_2C_4H_4O_4$(丁二酸、琥珀酸)	118.09	MgO	40.30
$H_2C_4H_4O_6$(酒石酸)	150.09	$Mg_2P_2O_7$	222.55
$H_3C_6H_5O_7 \cdot H_2O$(柠檬酸)	210.14	$MgSO_4 \cdot 7H_2O$	246.47
HCl	36.46	MnO_2	86.94
$HClO_4$	100.46	$MnSO_4$	151.00

化合物	M_r	化合物	M_r
$Na_2B_4O_7 \cdot 10H_2O$（硼砂）	381.37	NH_4NO_3	80.04
Na_2BiO_3	279.97	$(NH_4)_2SO_4$	132.13
$NaC_2H_3O_2$（无水乙酸钠）	82.03	$NH_2OH \cdot HCl$（盐酸羟胺）	69.49
$Na_3C_6H_5O_7$（柠檬酸钠）	258.07	$(NH_4)_3PO_4 \cdot 12MoO_3$	1 876.34
$Na_2C_2O_4$（草酸钠）	134.00	NH_4SCN	76.12
Na_2CO_3	105.99	$Ni(C_4H_7N_2O_2)_2$（丁二酮肟镍）	288.91
$NaCl$	58.44	PbO	223.2
NaF	41.99	PbO_2	239.2
$NaHCO_3$	84.01	$Pb(C_2H_3O_2)_2 \cdot 3H_2O$	379.3
$Na_2H_2C_{10}H_{12}O_8N_2 \cdot 2H_2O$（乙二胺四乙酸二钠）	372.24	$Pb(NO_3)_2$	331.2
Na_2HPO_4	141.96	$PbSO_4$	303.3
$Na_2HPO_4 \cdot 12H_2O$	358.14	SO_2	64.06
$NaHSO_4$	120.06	SO_3	80.06
$NaNO_2$	69.00	SiF_4	104.08
Na_2O	61.98	SiO_2	60.08
$NaOH$	40.00	$SnCl_2 \cdot 2H_2O$	225.63
Na_2SO_3	126.04	$SnCl_4$	260.50
Na_2SO_4	142.04	SnO	134.69
$Na_2S_2O_3 \cdot 5H_2O$	248.17	SnO_2	150.69
NH_3	17.03	$TiCl_3$	154.24
$(NH_4)_2C_2O_4 \cdot H_2O$	142.11	TiO_2	79.88
NH_4Cl	53.49	$Zn(CH_3COO)_2 \cdot 2H_2O$	219.50
$NH_4Fe(SO_4)_2 \cdot 12H_2O$	482.18	$Zn(NO_3)_2 \cdot 6H_2O$	297.49
$(NH_4)_2Fe(SO_4)_2 \cdot 6H_2O$	392.13	ZnO	81.39
NH_4HF_2	57.04	$ZnSO_4 \cdot 7H_2O$	287.55

七、元素的相对原子质量(A_r)表(2019)

元素	符号	A_r	元素	符号	A_r	元素	符号	A_r
银	Ag	107.868 2(2)	氦	He	4.002 602(2)	铂	Pt	195.084(9)
铝	Al	26.981 538 6(8)	铪	Hf	178.49(2)	铷	Rb	85.467 8(3)
氩	Ar	39.948(1)	汞	Hg	200.592(3)	铼	Re	186.207(1)
砷	As	74.921 60(2)	钬	Ho	164.930 32(2)	铑	Rh	102.905 50(2)
金	Au	196.966 569(4)	碘	I	126.904 47(3)	钌	Ru	101.07(2)
硼	B	[10.806,10.821]	铟	In	114.818(1)	硫	S	[32.059,32.076]
钡	Ba	137.327(7)	铱	Ir	192.217(3)	锑	Sb	121.760(1)
铍	Be	9.012 182(3)	钾	K	39.098 3(1)	钪	Sc	44.955 912(6)
铋	Bi	208.980 40(1)	氪	Kr	83.798(2)	硒	Se	78.96(3)
溴	Br	[79.901,79.907]	镧	La	138.905 47(7)	硅	Si	[28.084,28.086]
碳	C	[12.009 6,12.011 6]	锂	Li	[6.938,6.997]	钐	Sm	150.36(2)
钙	Ca	40.078(4)	镥	Lu	174.966 8(1)	锡	Sn	118.710(7)
镉	Cd	112.411(8)	镁	Mg	[24.304,24.307]	锶	Sr	87.62(1)
铈	Ce	140.116(1)	锰	Mn	54.938 045(5)	钽	Ta	180.947 88(2)
氯	Cl	[35.446,35.457]	钼	Mo	95.96(2)	铽	Tb	158.925 35(2)
钴	Co	58.933 195(5)	氮	N	[14.006 43,14.007 28]	碲	Te	127.60(3)
铬	Cr	51.996 1(6)	钠	Na	22.989 769 28(2)	钍	Th	232.038 06(2)
铯	Cs	132.905 451 9(2)	铌	Nb	92.906 38(2)	钛	Ti	47.867(1)
铜	Cu	63.546(3)	钕	Nd	144.242(3)	铊	Tl	[204.382,204.385]
镝	Dy	162.500(1)	氖	Ne	20.179 7(6)	铥	Tm	168.934 21(2)
铒	Er	167.259(3)	镍	Ni	58.693 4(4)	铀	U	238.028 91(3)
铕	Eu	151.964(1)	氧	O	[15.999 03,15.999 77]	钒	V	50.941 5(1)
氟	F	18.998 403 2(5)	锇	Os	190.23(3)	钨	W	183.84(1)
铁	Fe	55.845(2)	磷	P	30.973 762(2)	氙	Xe	131.293(6)
镓	Ga	69.723(1)	镤	Pa	231.035 88(2)	钇	Y	88.905 85(2)
钆	Gd	157.25(3)	铅	Pb	207.2(1)	镱	Yb	173.054(5)
锗	Ge	72.630(8)	钯	Pd	106.42(1)	锌	Zn	65.38(2)
氢	H	[1.007 84,1.008 11]	镨	Pr	140.907 65(2)	锆	Zr	91.224(2)

注:(1) 括号内的数字指末位数字的不确定度。

(2) 表中数据引自文献:Pure Appl Chem.Vol.85,No.5,1047-1078,2013.

主要参考书目

常用分析化学实验术语汉英对照表

一 画

乙二胺四乙酸 ethylenediaminetetraacetic acid, EDTA

二 画

二甲酚橙 xylenol orange, XO
二苯胺磺酸钠 sodium diphenylamine sulfonate

三 画

干燥器 disiccator

四 画

分析化学 analytical chemistry
分析纯 analytical reagent, AR
分析线对 analytical line pair
分离 separation
分光光度计 sepectrophotometer
分子发光光度计 molecular luminescent photmeter
分子荧光光度计 molecular flurescent photmeter
化学分析 chemical analysis
化学纯 chemical pure, CP
计量点 stoichiometric point
水浴 water bath
双盘天平 dual-pan balance
内标法 internal standard method
毛细滴管 capillary dropper
无定形沉淀 amorphous precipitate
气室 ballonet
气相色谱仪 gas chromatograph

五 画

仪器分析 instrumental analysis
电导率 conductivity
电位 potential
电位滴定 potentiometric titration
电位滴定仪 potentiometric titrator
电极 electrode
电子天平 electronic balance
电热板 hot plate
电感耦合等离子体 inductively coupled plasma, ICP
电感耦合等离子体原子发射光谱仪 ICP-atomic emission spectrometer
平均值 average, mean
平均偏差 average deviation
平行测定 parallel determination
加热 heating
甲基橙 methyl orange, MO
半微量分析 semimicro analysis
半峰宽 peak width et half height
示波极谱仪 oscillographic polarograph

六 画

优级纯 guarantee reagent, GR
有效数字 significant figure
吸光度 absorbance, A
吸收曲线 absorption curve
吸收池 absorption cell

吸收系数　absorption coefficient
吸量管　measuring pipet
吸附　adsorption
过饱和度　supersaturation
过滤　filtration
灰化　ashing
共沉淀　copercipitation
交换容量　exchange capacity
光电管　photocell, phototube
光电倍增管　photomultiplier tube, PMT
光源　source
光谱仪　spectrograph, spectrometer
光栅摄谱仪　grating spectrograph
氘灯　deuterium lamp
红外分光光度计　infrared spectrophotometer
伏安曲线　voltammetric curve
色谱柱　chromatographic column

七　画

系统分析　systematic analysis
沉淀　precipitation
沉淀剂　precipitant
沉淀形式　precipitation form
灼烧　ignition
极谱仪　polarograph
极谱波　polarographic wave
极谱图　polarographic figure, polarogram
氙灯　xenon lamp
纸色谱法　paper chromatography
纯度　purity
陈化　aging
返滴定法　back titration
灵敏度　sensitivity

八　画

定性分析　qualitative analysis
定量分析　quantitative analysis
单盘天平　single-pan balance

单色器　monochromator
单扫描示波极谱法　single-sweep oscillographic polarography
空白试验　blank test
空白溶液　blank solution
空心阴极灯　hollow cathode lamp, HCL
试剂瓶　reagent bottle
试液　test solution
试样　sample
试样溶液　sample solution
表面皿　watch glass
固定相　stationary phase
线性范围　linear range
线性回归　linear regression
终点　end point
坩埚　crucible
波长范围　wavelength coverage
波数范围　wave number coverage
波数校正　wave number calibration
参比溶液　reference solution
参比电极　reference electrode
饱和甘汞电极　saturated calomel electrode, SCE

九　画

洗涤　wash
洗涤液　wash solution
洗瓶　wash bottle
标准物质　reference material
标准溶液　standard solution
标准曲线　standard curve
标准加入法　standard addition method
相对误差　relative error
相对平均偏差　relative average deviation, RAD
相对标准偏差　relative standard deviation, RSD
点滴板　drop plate

点滴反应　drop reaction
点样　spot
玻璃电极　glass electrode
玻璃坩埚　glass crucible
指示剂　indicator
恒重　constant weight
重量分析法　gravimetry
重铬酸钾法　dichromate titration
络合滴定法　complexometric titration
钙指示剂　calconcarboxylic acid
结构鉴定　structure identify
氢灯　hydrogen lamp
氢化物发生器　hydride generator
柱效能　column efficiency
测量值　measured value
测微光度计　microphotometer

十　画

称量　weighing
称量形　weighing form
称量瓶　weighing bottle
校准　calibration
峰电流　peak current
准确度　accuracy
砝码　weights
容量瓶　volumetric flask
烘干　stoving
烘箱　oven
胶状沉淀　gelationous precipitate
高锰酸钾法　permanganate titration
莫尔法　Mohr method
流动相　mobile phase
展开　development
离心管　centrifuge tube
离心机　centrifuge
离心分离　centrifugation
离子交换　ion exchange
离子交换树脂　ion exchange resin

离子选择电极　ion selective electrode, ISE
原子吸收分光光度计　atomic absorption spectrophotometer
原子化器　atomizer
载体　supporter
载气流量　carrier gas flow
通风橱　stink cupboard
透射比　transmittance
热电偶　thermocouple
核磁共振波谱仪　nuclear magnetic resonance spectrometer

十 一 画

痕量分析　trace analysis
移液管　pipet
萃取光度法　extraction spectrophotometric method
悬汞电极　hanging mercury drop electrode
掩蔽　masking
酚酞　phenolphthalein
铬黑 T　eriochrome black T, EBT
基线　base line, baseline
基准物质　primary standard substance
检测器　detector
硅碳棒　silicon carbide rod, globar

十 二 画

储备液　stock solution
缓冲溶液　buffer solution
搅拌　stirring
稀释　dilute
量筒　measuring cylinder
黑度　blackness, blackening
晶形沉淀　crystalline precipitate
超痕量分析　ultratrace analysis
紫外-可见分光光度计　ultraviolet-visible spectrophotometer
蒸发　evaporate
蒸发皿　evaporating dish

十 三 画

溶出伏安法　stripping voltammetry
溶解　dissolve
滤纸　filter paper
鉴定　identification
置换滴定法　displacement titration
填充柱　packed column
锥形瓶　erelenmeyer flask
催化波　catalytic wave
微波发生器　microwave generator
福尔哈德法　Volhard method

十 四 画

滴汞电极　dropping mercury electrode

滴定　titration
滴定管　burette
滴定剂　titrant
滴定分析　titrimetry
滴管　dropper
酸碱滴定　acid-base titration
酸度计　acidimeter, acidometer
熔融　fusion
漏斗　funnel
稳压器　voltage stabilizer
精密度　precision
磁场强度　magnetic field intensity

十四画以上

薄层色谱法　thinlayer chromatography

郑重声明

高等教育出版社依法对本书享有专有出版权。任何未经许可的复制、销售行为均违反《中华人民共和国著作权法》，其行为人将承担相应的民事责任和行政责任；构成犯罪的，将被依法追究刑事责任。为了维护市场秩序，保护读者的合法权益，避免读者误用盗版书造成不良后果，我社将配合行政执法部门和司法机关对违法犯罪的单位和个人进行严厉打击。社会各界人士如发现上述侵权行为，希望及时举报，我社将奖励举报有功人员。

反盗版举报电话　（010）58581999　58582371
反盗版举报邮箱　dd@hep.com.cn
通信地址　北京市西城区德外大街4号
　　　　　高等教育出版社知识产权与法律事务部
邮政编码　100120

读者意见反馈

为收集对教材的意见建议，进一步完善教材编写并做好服务工作，读者可将对本教材的意见建议通过如下渠道反馈至我社。

咨询电话　400-810-0598
反馈邮箱　hepsci@pub.hep.cn
通信地址　北京市朝阳区惠新东街4号富盛大厦1座
　　　　　高等教育出版社理科事业部
邮政编码　100029